はじめての溶接シリーズ5

はじめてのマグ溶接

三田常夫 著

産報出版

※本書籍は，細心の注意を払って制作していますが，万一これらの情報に誤りがあった場合でも，一切の責任を負いかねます。あらかじめご了承ください。

まえがき

　溶接部を大気から保護するために，CO_2 や $Ar-CO_2$ をシールドガスとして用いるマグ溶接は，細径ワイヤに大電流を通電する高電流密度の溶接であり，溶着速度が速く，深い溶込みを得ることができるなど，高能率で品質に優れた溶接継手が比較的容易に得られる溶接法である。そのため，造船・橋梁・鉄骨・プラント・産業機械・プレハブ・自動車・車両など，厚板から薄板まで広範囲な産業分野で主要な溶接法として活用されている。

　1807 年に英国のデービー（H.Davy）が 2,000 個のボルタ電池を用い，電極間に放電火花を発生させる実験を行った。持続時間は極めて短いものであったが，弓形に曲がった放電光が発生し，この放電光を "Electric Arc（弧状の放電光）" と名付けた。これがアークの発見である。その後，1832 年に発電機が発明されると大容量の電気が使用できるようになったため，アーク溶接は急速に普及し，種々な産業分野で広く利用されるようになった。現在実用化されている各種アーク溶接法の原型は，すべて 19 世紀から 20 世紀にかけて開発されている。

　1920 ～ 1930 年代の米国で，ワイヤを消耗電極としてフラックスやガスをその周辺に供給する溶接法が種々考案された。軟鋼の溶接に安価な CO_2 を用いるアイデアは，1926 年に生まれている。アルミニウムやステンレス鋼などの溶接には Ar をシールドガスとして用いるミグ溶接が適用されたが，Ar は極めて高価であったため，軟鋼への適用は対象外とされていた。また CO_2 をシールドガスとして用いた溶接実験では，溶着金属の酸化が著しく，良好な結果は得られなかった。高温のアークによって CO_2 は CO と酸素(O)に解離し，この時生じた酸素が溶融金属を著しく酸化するためである。

　これに対して，裸棒を電極とするアーク溶接では，溶接箇所におがくず（粉状の木屑）を散布して溶接すると継手性能は向上することが知られていた。おがくずの燃焼で発生した CO_2 が溶接部をシールドするためである。そして，炭酸ガス溶接は一概に不適切な溶接法とは言えないとの見解も出されが，サブマージアーク溶接が急成長していたこと，ミグ溶接の研究・実用化が進んでい

たことなどから，炭酸ガス溶接の研究は一時中断状態となった。

1953年になると，適切な脱酸成分を含んだワイヤを用いれば，炭酸ガス溶接で満足すべき溶着金属が得られるとの論文が発表された。そしてオランダのフィリップス社が，溶接ワイヤ中にMnおよびSiなどの脱酸剤を添加して酸素を除去する方法を開発し，これを契機に炭酸ガス溶接の適用は次第に増加することとなった。炭酸ガス溶接は高能率で適用範囲も広いため，広範囲な産業分野での適用が進んだが，薄板溶接への適用は困難であった。この問題点を解決したのが短絡移行アーク溶接法（ショートアーク溶接法）であり，1957年に米国で開発された。

わが国では1950年代前半に，名古屋大学の関口教授がCO_2とO_2の混合ガスでシールドするCO_2–O_2アーク溶接法を開発している。フィリップス社特許の回避も念頭にあったと思われるが，CO_2にO_2を添加したガスをシールドガスに用いればアークが安定し，スパッタが減少して溶接ビードも美麗になると考えた。そしてそのためには，より脱酸作用の大きいワイヤが必要であり，MnおよびSiを通常より多く含む低炭素ワイヤ（いわゆる関口心線）を開発した。関口心線を用いるCO_2–O_2アーク溶接は，炭関（炭酸ガス関口心線）アーク溶接と呼ばれたが，"痰・咳"を連想する名称でイメージが悪く，短期間のうちにこの名称は使用されなくなった。1956年には，東亜精機が関口心線を使用する炭関半自動アーク溶接機を開発し，その市販を開始した。これが，わが国初のCO_2溶接機である。そして1965年頃には，国内の主なアーク溶接機メーカ各社が，半自動溶接機をそれぞれ市販するようになっている。

わが国で炭酸ガス溶接が普及するのは1960年以降であるが，当初は，炭酸ガス溶接のビードは被覆アーク溶接のビードより数段見劣りするため，グラインダ仕上げを行う箇所にしか使えないとされていた。しかし1960年には，自動車部品の溶接に炭酸ガス溶接が使われ始めた。この溶接ではビードの仕上げ研削作業が必要とされており，ビード外観は問題とされなかった。むしろ安価なコストで，早く手軽に溶接が行えることが評価されたようである。1961年にはCO_2溶接用フラックス入りワイヤが国産化され，市販が始まった。そして1971年には，フィリップス社の炭酸ガス溶接用ワイヤに関する日本特許が失効し，以後国産溶接材料メーカが競ってこの分野に参入した。ワイヤの成分改良やフラックス入りワイヤの進歩などによって，溶接ワイヤを多量に消費す

る造船や建築分野などで，1970年代後半から炭酸ガス溶接の採用が目立って増加し，1984年になると，マグ溶接ワイヤの国内年間生産量が，それまで首位であった被覆アーク溶接棒を追い抜くまでに成長した。

ArとCO₂との混合ガスをシールドガスに用いる$Ar-CO_2$混合ガス溶接は，1961年にドイツで開発された。この溶接法では，炭酸ガス溶接に比べ，スパッタの発生が少なく美麗なビードが得られるため，わが国では昭和40年代後半頃から$Ar-CO_2$混合ガスの使用が始まった。

マグ溶接に用いる電源の進歩も著しく，とりわけパワーエレクトロニクスならびに電子制御技術の進展を背景とした進歩が著しい。溶接電源の出力制御方式の主流は可動鉄心形制御・サイリスタ制御からインバータ制御へと大きく変換し，20世紀末～21世紀初頭にかけてはデジタル制御技術の進歩を活用したデジタル制御溶接電源が開発され，制御回路の大部分がアナログ制御からデジタル制御へと変化している。

なお，シールドガスにCO_2のみを用いるアーク溶接は従来「炭酸ガス溶接」として，$Ar-CO_2$混合ガスを用いる「マグ溶接」とは区別されていた。しかし，ISO規格との整合性を考慮して2003年に改正された"溶接・溶断用シールドガス"のJISでは，CO_2は活性ガスの一種として取り扱われるようになった。そのため近年では，炭酸ガス溶接もマグ溶接の一種として取扱われるになっている。

本書では，以上のような進展を遂げてきたマグ溶接の基本的な事項を，半自動溶接に主眼を置き，これだけは是非知っておいていただきたいと思われる基本的な事項について解説した。そのため，ロボット溶接など自動溶接のみに関する事項は割愛していることをご了承いただきたい。なお本書の記述では不足，あるいは欠落している事項も多々あると思われる。本書で足りない事項については，それぞれの専門解説書などを参照して補っていただきたい。本書が溶接技術者・技能者をはじめとする関係各位に幅広く利用され，溶接技術の進歩・普及に多少なりとも貢献できれば幸いである。

2019年4月　　　　　　　　　　　　　　　　　　　　　　　　著者しるす

目　次

まえがき··· 3
目　　次··· 6

第1章　マグ溶接の基礎

1.1　マグ溶接とは ··· 11
1.2　マグ溶接の長所と短所 ····································· 13
1.3　アークの性質 ··· 14
1.4　ワイヤの溶融 ··· 19
1.5　溶融池の形成と挙動 ······································· 20

第2章　マグ溶接現象

2.1　アークの安定維持 ··· 23
　2.1.1　ワイヤの供給と溶融 ··································· 23
　2.1.2　アーク長の制御 ······································· 24
2.2　溶滴の移行形態 ··· 26
　2.2.1　短絡移行 ··· 26
　2.2.2　グロビュール移行 ····································· 27
　2.2.3　スプレー移行 ··· 29
2.3　スパッタの発生とその抑制 ································· 30
　2.3.1　スパッタの発生形態 ··································· 30
　2.3.2　スパッタの抑制方法 ··································· 34
2.4　溶接条件とビード形成 ····································· 39
　2.4.1　ワイヤ溶融量 ··· 39
　2.4.2　溶接条件の影響 ······································· 40
　2.4.3　ワイヤ突出し長さの影響 ······························· 41
　2.4.4　トーチ角度の影響 ····································· 42
　2.4.5　溶接姿勢の影響 ······································· 43

第3章 マグ溶接機

3.1 マグ溶接機の構成 ･･････････････････････････････････････ 45
3.2 溶接電源 ･･･ 46
  3.2.1 溶接電源の種類 ･･････････････････････････････････ 46
  3.2.2 サイリスタ制御電源 ･･････････････････････････････ 47
  3.2.3 インバータ制御電源 ･･････････････････････････････ 48
  3.2.4 デジタル制御電源 ････････････････････････････････ 50
3.3 ワイヤ送給装置 ･･･････････････････････････････････････ 51
  3.3.1 ワイヤ送給装置の種類 ････････････････････････････ 51
  3.3.2 ワイヤ送給機構 ･･････････････････････････････････ 52
  3.3.3 ワイヤ送給制御 ･･････････････････････････････････ 53
3.4 トーチ ･･･ 54
  3.4.1 トーチの構造 ････････････････････････････････････ 54
  3.4.2 トーチの種類 ････････････････････････････････････ 55
3.5 ガス圧力調整器 ･･･････････････････････････････････････ 56

第4章 溶接材料

4.1 ワイヤ ･･･ 59
  4.1.1 ワイヤの種類 ････････････････････････････････････ 59
  4.1.2 ソリッドワイヤ ･･････････････････････････････････ 60
  4.1.3 フラックス入りワイヤ ････････････････････････････ 63
  4.1.4 ステンレス鋼用ワイヤ ････････････････････････････ 66
4.2 シールドガス ･･･ 68
4.3 補助材料 ･･･ 70

第5章 溶接施工の基礎

5.1 溶接機の準備 ･･･ 73
  5.1.1 溶接電源・トーチの使用率 ････････････････････････ 73
  5.1.2 溶接機の設置・接続 ･･････････････････････････････ 75
  5.1.3 ガス容器の取扱い ････････････････････････････････ 78
  5.1.4 送給装置の取扱い ････････････････････････････････ 79
  5.1.5 トーチの取扱い ･･････････････････････････････････ 80
  5.1.6 保守・点検 ･･････････････････････････････････････ 83

8 目 次

5.2 溶接機の動作 ・・ 84
　5.2.1 シーケンス制御 ・・・・・・・・・・・・・・・・・・・・・・・・・・・・・・・・・・・・ 84
　5.2.2 一元制御 ・・・ 85
　5.2.3 アークスポット溶接 ・・・・・・・・・・・・・・・・・・・・・・・・・・・・・・ 86
5.3 開先の準備 ・・ 88
　5.3.1 開先形状 ・・・ 88
　5.3.2 開先の清浄化 ・・・・・・・・・・・・・・・・・・・・・・・・・・・・・・・・・・・・ 89
　5.3.3 仮付(タック)溶接 ・・・・・・・・・・・・・・・・・・・・・・・・・・・・・・・ 89
5.4 溶接施工のポイント ・・・・・・・・・・・・・・・・・・・・・・・・・・・・・・・・・・・ 90
　5.4.1 溶接条件 ・・・ 90
　5.4.2 シールドガス流量 ・・・・・・・・・・・・・・・・・・・・・・・・・・・・・・・ 91
　5.4.3 トーチの操作 ・・・・・・・・・・・・・・・・・・・・・・・・・・・・・・・・・・・ 92
　5.4.4 溶接姿勢への対応 ・・・・・・・・・・・・・・・・・・・・・・・・・・・・・・ 96
5.5 溶接技術検定 ・・・ 98
5.6 溶接不完全部の種類とその防止対策 ・・・・・・・・・・・・・・・・・・・ 101
　5.6.1 ピット・ブローホール ・・・・・・・・・・・・・・・・・・・・・・・・・・ 101
　5.6.2 割れ ・・ 102
　5.6.3 融合不良 ・・ 105
　5.6.4 溶込み不良 ・・・・・・・・・・・・・・・・・・・・・・・・・・・・・・・・・・・・・ 105
　5.6.5 アンダカット・オーバラップ ・・・・・・・・・・・・・・・・・・ 106
　5.6.6 ビード不整 ・・・・・・・・・・・・・・・・・・・・・・・・・・・・・・・・・・・・・ 107
　5.6.7 溶接変形 ・・ 107
5.7 溶接部の非破壊試験 ・・・・・・・・・・・・・・・・・・・・・・・・・・・・・・・・・・ 108
　5.7.1 外観検査(VT：Visual Testing) ・・・・・・・・・・・・・・・・・ 109
　5.7.2 磁粉探傷試験(MT：Magnetic Particle Test) ・・・・・・・・ 110
　5.7.3 浸透探傷試験(PT：Liquid Penetrating Testing) ・・・・・・・ 111
　5.7.4 放射線透過試験(RT：Radiographic Testing) ・・・・・・・・・・ 112
　5.7.5 超音波探傷試験(UT：Ultrasonic Testing) ・・・・・・・・・・・ 113

第6章　主な鋼材のマグ溶接

6.1 鉄鋼材料の基礎 ・・・・・・・・・・・・・・・・・・・・・・・・・・・・・・・・・・・・・・ 115
6.2 低炭素鋼 ・・・ 119
6.3 中・高炭素鋼 ・・・ 120
6.4 高張力鋼 ・・・ 120
6.5 建築構造用圧延鋼 ・・・・・・・・・・・・・・・・・・・・・・・・・・・・・・・・・・・・ 126

目　次　9

6.6　耐火鋼 ･･･ 127

6.7　低温用鋼 ･･･ 128

6.8　高温用鋼 ･･･ 129

6.9　耐候性鋼 ･･･ 129

6.10　プライマ塗布鋼板 ････････････････････････････････ 130

6.11　亜鉛めっき鋼板 ･･････････････････････････････････ 131

6.12　ステンレス鋼 ･････････････････････････････････････ 133

第7章　安全・衛生

7.1　溶接作業の安全保護具 ･･･････････････････････････ 141

7.2　アーク光 ･･･ 143

　7.2.1　フィルタプレートの選定 ････････････････････ 143

　7.2.2　皮膚の保護 ･････････････････････････････････ 144

7.3　ヒューム ･･･ 144

　7.3.1　ヒュームの性質 ･･･････････････････････････ 144

　7.3.2　じん肺の防止 ･････････････････････････････ 145

7.4　一酸化炭素 ･･･ 148

7.5　火災・爆発 ･･･ 149

7.6　感電 ･･･ 150

7.7　熱中症 ･･･ 152

付　表 ･･ 156

索　引 ･･ 161

第1章
マグ溶接の基礎

1.1 マグ溶接とは

　マグ溶接は，**図1.1**に示すように，自動送給される細径（$\phi 0.8 \sim 1.6$ mm程度）ワイヤと母材との間にアークを発生させて溶接する方法である。トーチの操作は手動で行うが，電極となるワイヤは自動送給されるため，"半自動溶接"と呼ばれることも多い。なお，トーチの操作も自動にすると「自動溶接」と呼ばれる。

　溶融金属が大気（空気）に曝されると，**図1.2**に示すように，大気中の酸素（O_2）や窒素（N_2）が溶融金属中に侵入し，凝固時に取り残されたO_2やN_2が気

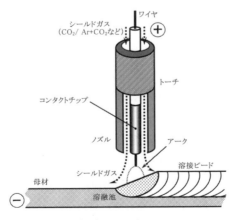

図1.1　マグ溶接

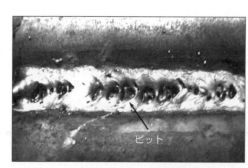
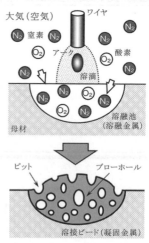

図1.2　大気中での溶接ビード

孔(ブローホールおよびピット)発生の要因となる．そのため，母材およびワイヤを溶融して溶接するマグ溶接では，大気中のO_2やN_2から溶融金属(溶融池)を保護することを目的としてシールドガスを使用する．

　溶融池を大気から保護するシールドガスには，炭酸ガス(CO_2)やアルゴンと炭酸ガスの混合ガス($Ar+CO_2$)などの活性ガスが用いられる．活性(Active)ガスとは酸素(O_2)を含むガスの総称であり，マグ(MAG)の名称は"Metal Active Gas"の頭文字から名付けられたものである．すなわち，金属(Metal)を電極とし，活性ガス(Active Gas)をシールドガスに用いる溶接法そのものを表す名称となっている．

　CO_2のみをシールドガスに用いる溶接方法は，従来"炭酸ガス溶接"と呼ばれ，マグ溶接とは区別されていたが，近年では炭酸ガス溶接もマグ溶接の一種とするようになった．また，Arに微量のO_2またはCO_2を添加した混合ガス(Ar＋数%O_2，Ar＋数%CO_2)を用いる場合，慣例的にミグ(MIG：Metal Inert Gas)溶接の一種とされていたが，完全な不活性ガス(Inert Gas)ではないため，近年ではこれもマグ溶接に分類するようになった．

　電極として用いられるワイヤはアークを発生させると同時に，それ自体が溶

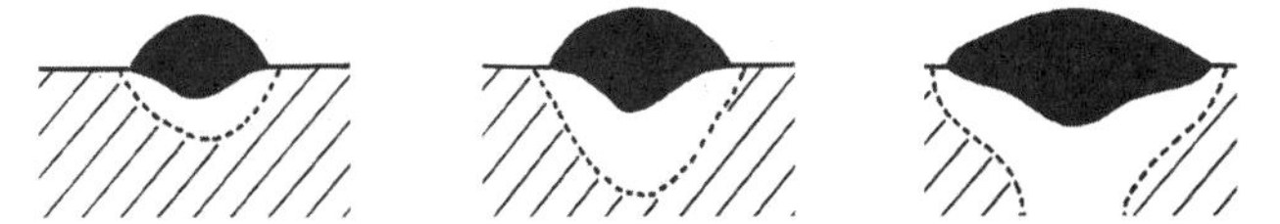

溶接電流:150A　　　　溶接電流:200A　　　　溶接電流:250A
ワイヤ溶融速度:3.3m/min　ワイヤ溶融速度:4.8m/min　ワイヤ溶融速度:6.3m/min

ワイヤ径:φ1.2mm, 溶接速度:20cm/min
図1.3　溶接電流とビード形状

融して溶着金属を形成する。電極(ワイヤ)の溶融量は溶接電流に強く依存し，**図1.3** に示すように，電極の溶融量と溶接電流とをそれぞれを独立に制御することはできない。このことが，溶接条件選定の自由度を制限し，適切な溶接条件の設定には熟練が要求される要因である。

1.2　マグ溶接の長所と短所

　マグ溶接は，細径ワイヤに比較的大電流を通電する高電流密度の溶接法であり，溶着速度が速く，深い溶込みを得ることができる高能率な溶接法である。
　主な長所としては次のような事項が挙げられる。
　① 高電流密度の溶接法で溶着速度が速く，高能率な溶接が可能である。
　② ワイヤが連続送給され，連続溶接が可能である。
　③ 種々の溶接姿勢に適用できる。
　④ アークや溶融池の状況を目視観察できる。
　⑤ 拡散性水素量が少なく，低温割れ感受性が低い。
　⑥ 半自動・自動溶接が行え，ロボット溶接にも適用できる。
　一方，短所としては，
　① 中・大電流域でのスパッタが多い。
　② 溶接条件の選定に熟練を要する。
　③ 屋外作業などでは防風対策が必要である。
　④ 磁気吹き現象が生じ易い。
　⑤ 作業範囲が制約される。

⑥ 作業者に与える負荷が大きい。
などが挙げられる。

1.3 アークの性質

アークは，図1.4に示すように，2つの電極を接触（短絡）させて通電し，そのままの状態で引き離すと電極間に発生する。電車の架線とパンタグラフの間で発生するスパーク，通電したままのプラグをコンセントから引抜いた時に発生するスパークなども同じアークである。しかし，このようなアークは極めて不安定な現象で，極短時間で消滅して持続しない。そのため溶接に用いるアークは，溶接機などによる種々の工夫によって，長時間・安定に維持できるようにしている。

ワイヤなど比較的細径の電極とフラットな母材との間に発生するアークは，一般に，電極から母材に向かって拡がるベル形（釣鐘形）の形状となる。アークは導電性を持つ高温の気体であり，中心部で1万数千℃，外周部でも1万℃程度の高温を示し，原子や分子などの中性粒子とその一部が電離して生じるイオンや電子のような荷電粒子とで構成された電離気体（プラズマ）である。アーク

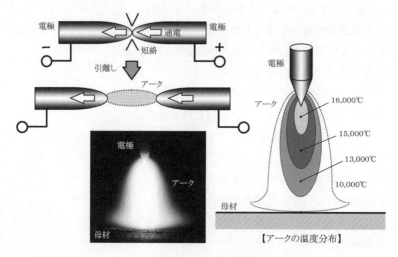

図1.4　アークの性質

の電流はほとんど電子によって運ばれ，電流と電圧との積で表されるエネルギー(電力)によって維持される。

アーク電圧は，図1.5 に示すように，陽極(＋極)および陰極(－極)近傍の電圧降下と，その間のアーク柱電圧降下とで構成される。アーク柱電圧はアーク長に応じて変化するが，陽極降下電圧および陰極降下電圧はアーク長が変化してもほとんど変化しない。このため，アーク長を極端に短くしても，アークが発生している限り，アーク電圧が数V程度(陽極降下電圧＋陰極降下電圧)以下になることはない。

電流とアーク長が同じであっても，アーク電圧は雰囲気ガスによって変化する。単位長さのアークを維持するために必要な電圧は電位傾度と呼ばれるが，その電位傾度を比較すると表1.1 のようである。空気を基準 (1.0) にすると，Ar 雰囲気では1/2，CO_2 雰囲気では1.5倍，O_2 雰囲気では2倍となる。すなわち CO_2 をシールドガスに用いると，アークを維持するために必要なエネルギーは Ar をシールドガスとした場合よりも大きくなり，高いアーク電圧が必要となる。

表1.1　電位傾度の比較

雰囲気ガスの種類	電位傾度の比
空気	1.0
アルゴン(Ar)	0.5
窒素(N_2)	1.1
炭酸ガス(CO_2)	1.5
酸素(O_2)	2.0

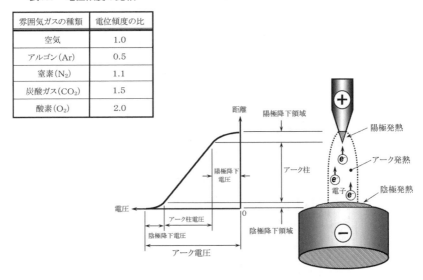

図1.5　アーク電圧の構造

アークの電流と電圧の関係(電流－電圧特性)は**図1.6**のようであり，大電流域では電流の増加にともなって電圧が緩やかに増大する上昇特性を示すが，所定の値(図では150 A)以下の電流域では電流の減少にともなって電圧は急激に増加する。またアーク長を長くすると，電流－電圧特性曲線は縦軸(電圧軸)と平行に上昇し，アーク電圧は増加する。

平行な導体に同一方向の電流が通電されると，導体間には電磁力による引力が発生する。アークは気体で構成された平行導体の集合体とみなせるから，平行導体間に発生する引力は，アークの断面を収縮させる力として作用する。このような作用を"電磁的ピンチ効果"といい，その力を"電磁ピンチ力"という。電磁的ピンチ効果は，溶接ワイヤにおいても同様である。**図1.7**に示すように，固体部分は電磁ピンチ力を受けても変形

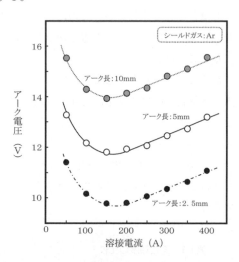

図1.6　溶接電流とアーク電圧の関係

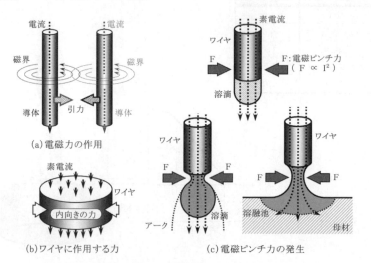

図1.7　電磁ピンチ力

することはないが，液体となった先端部の溶滴は，電磁ピンチ力の作用で断面が減少し，溶滴にはくびれが発生して，ワイヤ端から溶滴を離脱させる駆動力となる。またアークには，冷却作用を受けると断面を収縮させ，表面積を減少させることによって熱損失を抑制しようとする作用もあり，この作用は"熱的ピンチ効果"と呼ぶ。

アーク溶接では，その周囲に溶接電流による磁界が形成され，図1.8に示すように，フレミング左手の法則に従う電磁力が発生する。また，アークの電流路は電極から母材に向かって拡がるため，電流密度の大きい電極近傍での電磁ピンチ力は，電流密度が小さい母材近傍でのそれよりも大きくなる。その結果，アーク柱内部の圧力は母材表面より電極近傍のほうが高くなり，シールドガスの一部はアーク柱内に引き込まれ，電極から母材に向かう高速のガス気流（プラズマ気流）が発生する。

プラズマ気流の流速は 300m/秒を超えることもあり，溶滴移行や溶込みの形成に大きく関与する。上向溶接や横向溶接などにおいて，重力が作用するにもかかわらず溶滴が溶融池へスムーズに移行するのは，プラズマ気流が存在するためである。またトーチを傾けても，アークはプラズマ気流の作用で軸方向に発生しようとする傾向がある。このようなアークの直進性を"アークの硬直性"という。なお電磁ピンチ力は電流値に大きく依存し，電流値が小さくなるとその力は低下してプラズマ気流も弱くなるため，小電流域でのアークは硬直性が弱くなって，不安定でふらつきやすくなる。

溶接電流によって発生した磁界や母材の残留磁気が，アーク柱を流れる電流

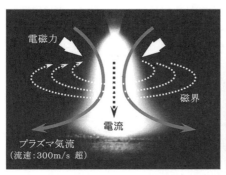

図1.8　プラズマ気流とアークの硬直性

に対して著しく非対称に作用すると，その電磁力によってアークは偏向する。このようなアークの偏向現象を"アークの磁気吹き"といい，典型的な例を示すと**図1.9**のようである。(a)は，母材の中央部と端部とで磁界の形成形態が異なることによって生じる現象である。磁界を形成する磁束は鋼板中に比べて大気中の方が通り難いため，アークが母材端部に近づくと非対称な磁界が形成されてアークが偏向する。(b)は溶接線近傍に断面積の大きい鋼ブロックなどが存在する場合に発生しやすい現象で，鋼ブロック側に磁束が吸い寄せられて非対称な磁界が形成されることが原因で発生する。(c)は母材側ケーブルの接続位置に起因したもので，溶接電流の通電によって形成される電流ループの影響によって生じる現象である。溶接電流のループによって形成される磁界の強さ（磁場）は，ループの外側より内側の方で強くなるため，磁場の弱い方すなわち電流ループの外側へアークが偏向する。

磁気吹きは磁性材料の直流溶接で発生しやすい現象であり，極性が頻繁に変化する交流溶接や非磁性材料の直流溶接などで発生することは比較的少ない。磁気吹きの防止対策としては，母材へのケーブル接続位置や接続方法を工夫する，母材やジグの脱磁処理を施すなどが基本的な対処方法であるが，現実的には試行錯誤の繰返しとなることが多い。

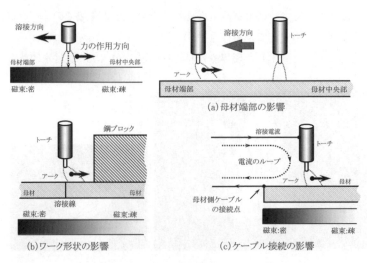

図1.9　磁気吹き

1.4 ワイヤの溶融

マグ溶接など，アークを発生する電極(ワイヤ)自身が溶融する溶極式溶接法でのワイヤ溶融量・MRは，アーク発熱による溶融量(aI)と，ワイヤ突出し部で発生する抵抗発熱による溶融量(bI^2)との和として与えられる。そして，これら2つの溶融量は，いずれも溶接電流によって支配される。

ワイヤ溶融量・MR ＝ アーク発熱による溶融量 ＋ 抵抗発熱による溶融量
$$= aI + bI^2 \quad 〔a, b：定数, I：溶接電流〕$$

アーク発熱は電流に比例するため，その発熱による溶融量も溶接電流に比例する。抵抗発熱による溶融量は，ワイヤ突出し部で生じる抵抗(ジュール)発熱によるもので，ワイヤ突出し長さおよび溶接電流の二乗に比例し，ワイヤ断面積に反比例する。なお，ワイヤの溶融を大きく支配するのはアーク発熱であると思われがちであるが，その影響は抵抗発熱のほうが大きく，抵抗発熱による溶融が溶融量全体の過半を占め，場合によってはその比率が70％を超えることもある。

溶極式溶接では溶滴が電極先端部から離脱して溶融池へ移行するが，その形態は溶接法，溶接条件あるいはシールドガスの種類などによって異なる。溶滴の主な移行形態示すと図**1.10**のようである。短絡移行は小電流・低電圧域で

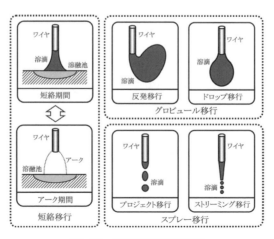

図1.10　溶滴の主な移行形態

生じる移行形態で，1秒間に数十回以上の短絡とアークとを交互に繰り返しながら，溶滴が溶融池へ移行する．反発移行は中電流・中電圧域で生じる移行形態であり，大塊となった溶滴がワイヤ方向へ押し上げられて不規則な挙動を繰返しながらワイヤ端から離脱する．ドロップ移行も中電流・中電圧域で生じる移行形態であるが，ワイヤ径より大きい塊となった溶滴がほぼ規則的にワイヤ端から離脱する．両者を合わせてグロビュール移行という．プロジェクト移行は大電流・高電圧域で生じる移行形態で，ワイヤ径とほぼ等しい径の溶滴がワイヤ端から離脱する．さらに電流が増加するとストリーミング移行となり，先鋭化したワイヤ端からワイヤ径より小さい径の溶滴が離脱する．

これら溶極式ガスシールドアーク溶接でのアークおよび溶滴の挙動は，溶接条件やシールドガスの種類によって大きく異なり，その詳細については次章2.2節で述べる．

1.5　溶融池の形成と挙動

アーク溶接の溶融池には**図1.11**に示すような力が作用して，溶融池金属の流れを支配する．溶融池内には，プラズマ気流によって生じる対流，溶融池表面の温度勾配に起因した表面張力対流，溶融池内を流れる電流によって生じる

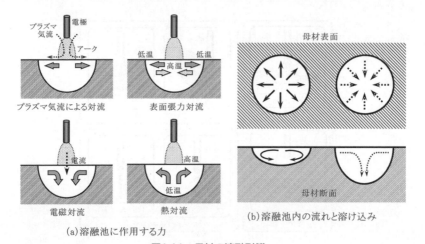

図1.11　母材の溶融形態

電磁対流および溶融池内の温度差によって生じる熱対流の4種類がある。これら4種類の対流が複合され，中央部から周辺部へ向かう溶融金属の流れが形成されると，溶込みは幅が広く浅いものとなる。反対に周辺部から中央部に向かう方向の流れが形成されると，幅が狭く深い溶込みとなる。

アーク（熱源）が移動すると，溶融池内に生じる温度勾配と表面張力対流などの作用で，**図1.12**に示すように，溶融池金属はアークの周辺を回って後方へ移動し，最後方に達すると反転して溶融池前方へ戻る。後方へ向かう流れは溶融池の底部を，前方へ戻る流れは溶融池の表面を流れる。

溶接速度が変化しても溶融池内の金属の挙動は同様であるが，溶融池の形状は溶接速度によって**図1.13**のように変化する。溶接速度が遅い場合（低速時）の溶融池はほぼ円形であるが（a），溶接速度がやや早く（中速に）なると溶融池の長さが伸び楕円形となる（b）。さらに速度が速く（高速に）なると，溶融池後方部が先鋭化して溶融池後方へ長く伸び，溶融池は著しく長くなる（c）。母材に加えられる熱量（入熱）が同じであれば，溶融池金属が凝固するまでの時間も同じであるため，アークの移動速度（溶接速度）が速くなれば凝固に要する距離も長くなるためである。

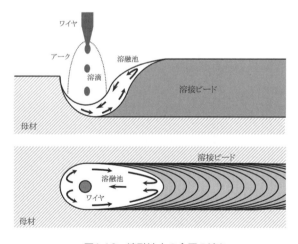

図1.12　溶融池内の金属の流れ

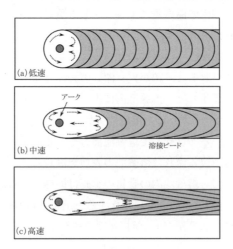

図1.13 溶融池形状に及ぼす溶接速度の影響

第2章
マグ溶接現象

2.1 アークの安定維持

2.1.1 ワイヤの供給と溶融

　マグ溶接はアークを発生する電極(ワイヤ)自身が溶融する溶極式溶接であるため，ワイヤの供給量と溶融量とのバランスを保つことが，アークを安定に維持するための重要なポイントである。

　マグ溶接の遠隔操作箱(リモコンボックス)には，**図2.1**に示すように，電流

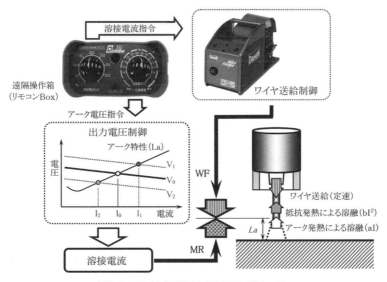

図2.1　ワイヤ送給量と溶融量のバランス

24　第2章　マグ溶接現象

および電圧をそれぞれ設定するためのダイヤルが設けられている。電流設定ダイヤルはワイヤ送給モータの回転速度を指令するダイヤルであり、この設定値によって溶接部へ供給されるワイヤの送給量が決まる。電流設定と名付けられてはいるが、このダイヤルは電流を直接設定するものではない。

電圧設定ダイヤルは電源の出力レベル（図中の V_0, V_1, V_2）を指令するダイヤルであり、アーク特性（図中の La）との関連で、通電される電流値（図中の I_0, I_1, I_2）を相対的に決定する。例えば、アーク特性（アーク長）が La で電圧設定が V_0 の場合は、La と V_0 の交点がアークの動作点となり I_0 の電流が通電される。アーク長をそのまま La に保ち、電圧設定を V_0 から V_1 に変化させるとアークの動作点も移動し、通電される電流は I_0 から I_1 に増加する。電圧設定を V_2 にすると、通電される電流は I_2 に減少する。すなわち電圧設定つまみによって、通電される電流がアーク特性との関係で相対的に決まる。電流が決まると、ワイヤ溶融量・MR は、前章 1.4 節で述べたように、アーク発熱(aI)による溶融量と、ワイヤ突き出し部で発生する抵抗発熱 (bI^2) による溶融量との和として与えられる。そしてこれら 2 つの溶融量は、いずれも電流・I によって決まるものである。

したがって、電流設定つまみで選定された所定の速度で定速送給されるワイヤ送給量・WF と、電圧設定つまみで間接的に決まる電流値によって支配されるワイヤ溶融量・MR が等しい場合に、アーク長は一定に保たれ、安定なアーク状態が維持される。

以上のように、マグ溶接における適切なアーク状態の選定は、ワイヤ送給量とその溶融量が等しくなるように、電流設定ダイヤルと電圧設定ダイヤルを操作することを意味する。しかしワイヤ溶融量を支配する溶接電流は、設定ダイヤルで直接設定するわけではなく、電圧設定ダイヤルの操作によって間接的に決まる。またワイヤの溶融には、溶接電流の二乗に比例するワイヤ突出し部での抵抗発熱が大きく関与する。これらのことが適切なアーク状態が得られる溶接条件の選定に熟練を必要とする大きい要因となっている。

2.1.2　アーク長の制御

マグ溶接は、細径ワイヤ（ϕ 0.8 ～ 1.6 mm）に大電流を通電する電流密度の高い溶接方法であるため、溶接ワイヤを 3 ～ 15 m/min 程度の比較的高速で送

給(供給)しなければならない。しかし，このような高速で送給されるワイヤの送給速度を瞬時に増減して，アーク長の変化に対応することは極めて困難である。そのためマグ溶接では，一定の速度でワイヤを送給(定速送給)し，それに見合った電流でワイヤを溶融することによって，ワイヤの供給量と溶融量とをバランスさせて安定なアーク状態を維持する。

溶接電源に定電圧特性電源を用いると，アーク長変動にともなう電圧の変化は少ないが，電流は比較的大きく変化し，その変化はアーク長を一定に保つことに大きく寄与する。**図2.2**はその作用を示したもので，アーク長がL_0で維持されている場合はワイヤの送給速度・WFとその溶融速度・MR_0は等しく，両者のバランスが保たれるためアーク長は変化しない。しかし何らかの原因でアーク長がL_1に伸びると，電流がI_0からI_1まで減少するため，ワイヤ溶融速度は低下してMR_1となる。その結果，送給速度が溶融速度より速くなり，アーク長を減少させようとする作用，すなわち長くなったアーク長を元の長さに戻そうとする作用が生じる。そして，アーク長が減少し始めると電流は徐々に増加し，アーク長が元の長さL_0に戻ると電流も元の値I_0に戻り，送給速度と溶融速度とが再びバランスして，アーク長はL_0に維持される。

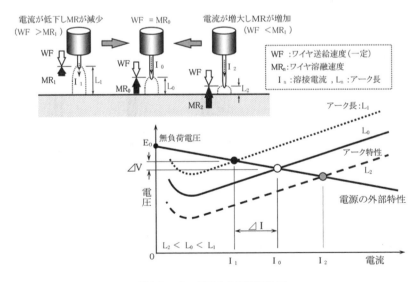

図2.2　アーク長の自己制御作用

反対にアーク長が減少してL_2となった場合には，電流がI_2まで増加するため，ワイヤの溶融速度はMR_2まで増加する。そして，溶融速度が送給速度より大きくなり，アーク長を増加させようとする作用が発生してアーク長は元の長さL_0に戻され，当初のアーク長が維持されることとなる。

細径ワイヤを所定の速度で定速送給する溶極式アーク溶接では，定電圧特性電源を用いることによって，アーク長の変動に応じた溶接電流の自動的な変化が生じ，特別なアーク長制御を付加しなくてもアーク長を一定に維持することができる。定電圧特性の溶接電源が持つこのようなアーク長の制御作用を"電源の自己制御作用"という。

2.2 溶滴の移行形態

2.2.1 短絡移行

短絡移行は，**図2.3**に示すように，アーク期間の経過とともにアーク長が短くなって(①〜②)，ワイヤ先端の溶滴が溶融池に接触(短絡)する(③)。溶滴と溶融池との短絡が生じると電流が増加し，電磁ピンチ力(前掲図1.7参照)の増大および溶融池の表面張力などの作用で，溶滴は溶融池に吸込まれる(④)。そして，溶滴に生じた"くびれ"が成長して細くなった部分が溶断し，短絡が解放されてアークが再生する(⑤)。

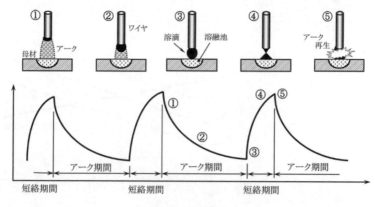

図2.3　短絡移行

短絡移行は小電流・低電圧域，例えばϕ1.2 mmの軟鋼ソリッドワイヤの場合は溶接電流200 A程度以下の電流域，での溶滴移行形態であり，ワイヤ端に形成された小粒の溶滴が溶融池へ接触する短絡期間と，それが解放されてアークが発生する期間とを，比較的短い周期（60〜120回／秒程度）で交互に繰返す。短絡移行は，シールドガスの種類（組成）に関係なく，シールドガスが100%CO_2であっても，Ar + 20%CO_2混合ガスであっても同様である。

2.2.2 グロビュール移行

中電流・中電圧域，ϕ1.2mmの軟鋼ソリッドワイヤの場合は溶接電流200〜300 A程度の電流域，での溶滴移行形態はグロビュール移行に分類されるが，その形態はシールドガスの組成によって大きく異なる。CO_2は高温になると COとOに解離し，その時多量（283kJ）の熱を奪う。アークは強い冷却作用（熱的ピンチ効果）を受けて収縮し，**表2.1**に示すように，溶滴の下端部に集中して発生する。このため，アークによる強い反力を受けた溶滴はワイヤ方向に押上げられる。この押上げ作用は，溶接電流が大きくなるほど著しい。

一方，不活性で解離などの変化を生じないArの比率が大きい混合ガス（例えばAr + 20%CO_2）の場合，アーク柱からの熱放散は比較的少なく，アーク

表2.1 溶滴移行形態に及ぼすシールドガス組成の影響

は溶滴下端部全体を包み込むように発生する。溶滴に加えられるアークの反力は分散されるため，溶滴はアークによる押上げ作用をほとんど受けない。その結果，電磁ピンチ力やプラズマ気流による摩擦力が有効に作用して，溶滴はワイヤ端から比較的スムーズに離脱する。

　したがって100%CO_2はもとより，CO_2の混合比率が28%以上のAr + CO_2混合ガスの場合は，ワイヤ端に形成された大塊の溶滴がアーク力による押上げ作用の影響を強く受け，不規則で不安定な挙動を示す"反発移行(**図2.4**(a))"となる。この移行形態では，大塊となった溶滴が不規則な挙動を繰返してワイヤ端から離脱するため，大粒で多量のスパッタが発生しやすい。

　CO_2の混合比率が少ない(28%未満)Ar + CO_2混合ガスを用いる場合は，ワイヤ端にワイヤ径より大きい溶滴が形成されるが，溶滴は不規則な挙動を呈さず，ワイヤ端からの離脱は比較的スムーズで，スパッタの発生も少ない"ドロップ移行(図2.4(b))"となる。なおドロップ移行と反発移行は，いずれも"グロビュール移行"に大別される。

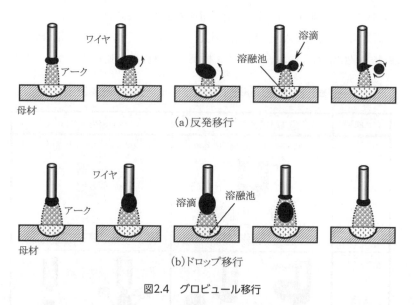

図2.4　グロビュール移行

2.2.3 スプレー移行

CO_2 の混合比率が少ない (28% 未満) $Ar + CO_2$ 混合ガスの場合,大電流・高電圧域, $\phi 1.2\,mm$ の軟鋼ソリッドワイヤの場合は溶接電流 300 A 程度以上の電流域,での溶滴移行形態はスプレー移行となる。

前掲図 1.7 で述べたように,"電磁ピンチ力"は溶接電流の二乗にほぼ比例するため,大電流域ではワイヤ先端の溶融金属に電磁ピンチ力が強力に作用し,溶滴形状を先鋭化させる。その結果,溶滴は溶融池と短絡せずにワイヤ端から小粒で離脱するようになる。この移行形態がスプレー移行であり,上記グロビュール(ドロップ)移行からスプレー移行へ推移する電流値は臨界電流と呼ばれる。なお臨界電流は,シールドガス中の CO_2 混合比率で異なり,Arへの CO_2 混合比率が多くなるほど臨界電流値も大きくなる。ただし大電流・高電圧域であっても,Arへの CO_2 混合比率が 28% を超えると,溶滴のスプレー移行化は実現せず,移行形態はグロビュール(反発)移行のままで,臨界電流は存在しない。

臨界電流直上近傍でのスプレー移行は"プロジェクト移行"と呼ばれ,ワイヤ径とほぼ等しい径の溶滴がワイヤ端から離脱する(**図2.5** (a))。さらに電流が増加すると,ワイヤ端の溶滴はより先鋭化し,ワイヤ径より小さい径の溶滴がワイヤ端から離脱する"ストリーミング移行"となる (図 2.5 (b))。プロジェク

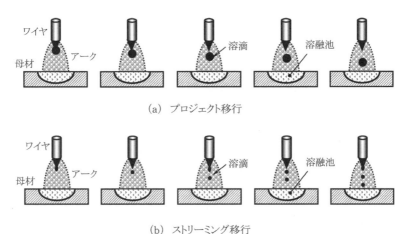

(a) プロジェクト移行

(b) ストリーミング移行

図2.5 スプレー移行

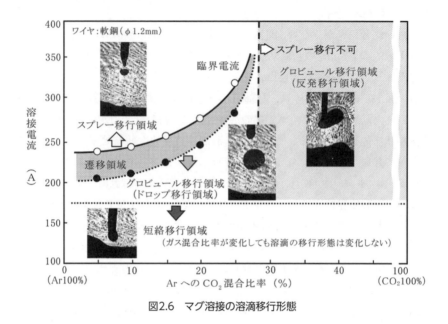

図2.6 マグ溶接の溶滴移行形態

ト移行とストリーミング移行は，大別するといずれも"スプレー移行"に分類される。

上述したマグ溶接の溶滴移行形態を，シールドガスの Ar/CO_2 混合比率と溶接電流の関係で示すと**図2.6** のようである。

2.3　スパッタの発生とその抑制

2.3.1　スパッタの発生形態

マグ溶接の最も大きい課題が，多量かつ大粒のスパッタの発生である。**図2.7** に示すように，溶接時に発生したスパッタは周辺に飛散して，溶接ビード近傍に付着する。粒径が大きいスパッタほどビードの近くに付着し，溶接部の外観を阻害する。また，このような大粒のスパッタは母材へ強固に付着するため，その剥離にはかなりの工数が必要となる。そのため，スパッタの低減による溶接作業性の改善はマグ溶接の最重要課題とされている。

スパッタの主な発生形態には，**図2.8** に示す4種類があり，(a)は短絡の解放にともなって発生するスパッタ，(b)はアーク期間中の溶滴が極めて短時間(1～2ms以下)溶融池へ接触する瞬間短絡によって生じるスパッタ，(c)は溶滴中に生成したガスの急激な膨張によって，あたかも風船が破裂するように，溶滴内でのガス爆発が生じ，その一部がスパッタとなるもの，(d)は溶融池からのガス放出にともなって発生するスパッタである。

スパッタの発生には，ワイヤ先端に形成された溶滴の溶融池への短絡が大き

(a) スパッタの発生状況

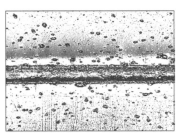
(b) スパッタの母材付着状況

図2.7　スパッタの発生状況

(a) 短絡解放時のスパッタ

(b) 瞬間短絡によるスパッタ

(c) 溶滴内のガス破裂によるスパッタ

(d) 溶融池のガス放出によるスパッタ

図2.8　マグ溶接のスパッタの発生形態

く関与する．マグ溶接の等価回路は**図2.9** (a) のように表され，アーク長などによって多少異なるが，アークの抵抗値は 0.4〜0.7 Ω 程度，短絡時の抵抗値は 0.03〜0.08 Ω 程度である．ワイヤ先端に形成された溶滴が溶融池へ短絡すると，抵抗値が減少するため電流は増加し，短絡が解放されてアークになると抵抗値が増加して電流は減少する．溶融池へ短絡した溶滴は，表面張力や電磁ピンチ力の作用で溶融池へ移行し，溶滴と溶融池の橋絡部にはくびれが発生する．断面積が減少したくびれ部では電流密度が増加するため，橋絡部のくびれの進展は一層促進され，過電流状態となったくびれ部は溶断されてアークが発生（再生）する．この時，ヒューズの溶断時にその一部が周辺に飛び散るのと同様に，溶滴や溶融池の一部が周囲に飛散しスパッタとなる．

短絡によって発生するスパッタの発生頻度は**図2.10**のようであり，溶滴が短絡移行する溶接電流 130 A では，短絡の解放に

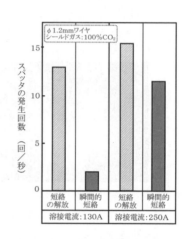

図2.10　スパッタ発生頻度の比較

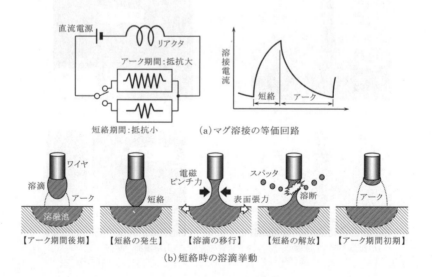

図2.9　スパッタの発生原理

起因したスパッタが大部分を占める。しかし溶滴がグロビュール移行する溶接電流250Aでは，短絡解放時のスパッタの他に，瞬間短絡によって発生するスパッタの回数もかなり増加する。瞬間短絡は溶滴の不規則な挙動によって生じる短絡であり，その短絡時間は1～2ms以下と極めて短く，溶滴の溶融池への移行はほとんど生じない。瞬間短絡が発生すると，**図2.11**に示すように，大粒のスパッタが大量に発生する。

ワイヤにφ1.2mmソリッドワイヤ，シールドガスに100%CO_2を用いたマグ溶接におけるスパッタ発生量の一例を**図2.12**に示す。溶滴が短絡移行する溶接電流200A以下の電流域では，電流の増大とともにスパッタの発生量は増加するものの，発生量自体は比較的少ない。しかし溶接電流が200Aを超えると，溶滴移行はグロビュール移行（反発移行）となり，ワイヤ先端に形成された大塊の溶滴が溶融池へ短絡するため，その解放時に大粒かつ多量のスパッタが

図2.11　瞬間短絡によるスパッタの発生

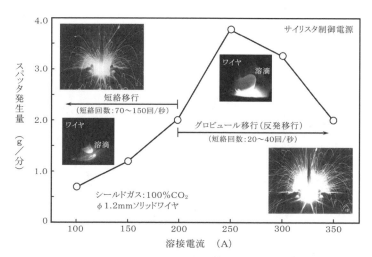

図2.12　溶接電流とスパッタ発生量

発生すなる。また溶滴の不規則な動きは瞬間短絡も多発し，スパッタの発生量はさらに増加する。その傾向は溶接電流の増加にともなって著しくなるが，溶接電流が250Aを超えるとスパッタ発生量はやや減少する。溶滴移行形態は同じ反発移行であっても，短絡は比較的短時間で開放され，アークの安定性もやや改善されるためである。またこの電流域では，アーク電圧をやや低めに設定し，アーク柱の下半部が母材表面より内部に形成される埋もれアークの状態にして，母材に付着するスパッタを抑制する手法が用いられることも影響している。

2.3.2 スパッタの抑制方法

マグ溶接で発生するスパッタは電源回路を構成するリアクタのインダクタンスと密接に関係し，**図2.13**に示すように，電源回路のインダクタンスが大きいものほどスパッタの発生量は減少し，この傾向は電流値が異なっても変わらない。一方，電流波形とインダクタンスの関係は**表2.2**のようであり，インダクタンスが小さい場合は電流変化が大きく，短絡解放時のピーク電流が高くな

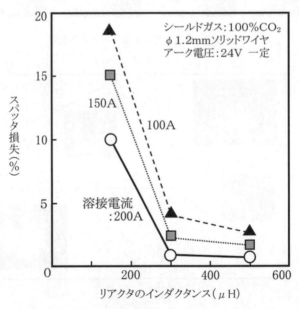

図2.13 スパッタ損失に及ぼすインダクタンスの影響

表2.2 インダクタンスの影響

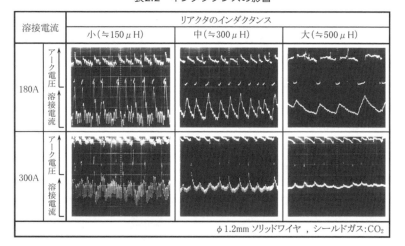

る。これがスパッタ増大の主要因である。反対に，インダクタンスが大きい場合は電流変化が抑制され，短絡解放時のピーク電流も低くなるため，短絡の解放に起因したスパッタは減少する。短絡回数が少ない大電流域の溶接では，このような電流変動の少ない直流に近い電流波形の方が良好なアーク状態が得られる。しかし短絡回数が多くなる小電流域では，短絡解放に長い時間を必要とするため，アーク不安定や溶融池の温度低下などが生じ，良好なアーク状態は得られない。

　すなわち，スパッタの低減とアークの安定性確保を同時に実現することは困難である。そのため，両者ともにほぼ満足できる中間的なインダクタンスを微妙に選定し，小電流から大電流に至る全溶接電流範囲に対して，多少の不満足さを含みながらも使用に耐えられる特性（インダクタンス）を採用することが，溶接電源設計での現実的な対応とされていた。

　しかし，1983（昭和58）年に開発されたインバータ制御マグ溶接電源（後述3.2.3項参照）では，溶接電源の出力を高速で制御することが可能となり，電流の変化速度（di/dt）も電子回路で任意に制御することが可能となった。電流変化速度制御の作用は**図2.14**のようであり，電源の前面パネル上に設けられた電流波形制御ダイヤルの操作で，溶接電流の増減速度を任意に設定して，アーク状態，スパッタ発生量およびビード形状などを広範囲に選定することがで

きる。また**表2.3**に示すように，溶滴の移行形態が異なる電流域に応じて，電流変化速度（di/dt）が自動的に最適値へ切り換わるような設計も採用されている。すなわちインバータ制御マグ溶接電源では，スパッタの発生と密接に関係する溶接電流の増減速度を電子回路で最適化することによって，スパッタ発生量を大幅に低減している。

近年では，リアクタの作用に基づいた出力制御から脱却し，より一層のスパッタ低減を目的として，溶接現象・溶滴移行現象そのものを対象とした，き

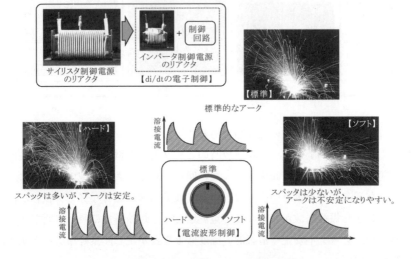

図2.14　電流変化速度（di/dt）制御の作用

表2.3　電流変化速度（di/dt）の電子制御

電流域 (軟鋼φ1.2ワイヤ)	小電流域 (〜200A)	中電流域 (200〜300A)	大電流域 (300A〜)
溶滴移行形態	短絡移行	グロビュール移行	
溶滴の大きさ	小粒	大粒	やや小粒
アーク状態	安定	やや不安定	比較的安定
スパッタ	小粒・比較的少量	大粒・多量	比較的小粒・やや多量
適正電流波形			
電流変化速度 (di/dt)	速い (di/dt:大)	中 (di/dt:中)	遅い (di/dt:小)

＊di/dtの電子制御では，電流の変化速度を電流域に応じて自動的に切換える。

め細かな溶接電流波形の制御方法が開発されている。図2.15はその一例を示したものである。この種の電流波形制御溶接では、溶接現象や溶滴移行現象に基づいて設定された制御パラメータを用い、目的に応じてそれらのパラメータを適切に選定・設定することによって、スパッタの大幅な低減を可能としている。例えば、図中の"短絡電流遅延制御"は、短絡初期の電流増加を所定時間抑制し、溶滴と溶融池の短絡を確実にすることによって、主に瞬間短絡の発生を防止する制御である。"短絡解放制御"は短絡の開放に必要な電流を供給する制御であり、過大な短絡開放電流の供給を抑制する。"アーク再生電流制御"は、アーク再生直前に生じる溶滴のくびれを検出して電流値を低下させる制御で、アーク再生にともなうスパッタの抑制が目的である。溶滴と溶融池の短絡部にくびれが発生すると、その断面は減少するため抵抗値は増大する。その結果、直線的に増加していた電圧波形は丸みを帯びるようになり、電圧の変化量(dv/dt)が変化する。すなわち、短絡期間中のdv/dtの変化を検出することによって、短絡部にくびれが発生したことを検出できる。

"溶滴形成制御"は、アークの反力によって生じる溶滴の押上作用を抑制するための制御であり、アーク再生直後の電流に増減振動を与えることによって、押上作用を抑制しながら溶滴の形成・成長を促す。また"電流減少速度制御"は、

【溶滴形成制御】
(押上抑制の電流増減振動)

【短絡電流遅延制御】
(短絡検出による電流低減)

【アーク再生電流制御】
(くびれ検出による電流低減)

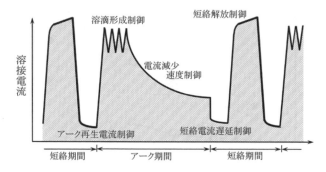

図2.15　電流波形制御の一例

アーク期間後半の電流減少を適正化することによって，溶滴の形状を整えながらアーク長を適正化するための制御である．

上記した電流波形制御による効果の一例を示すと図2.16のようであり，電子リアクタによる電流変化速度(di/dt)制御に比べ，スパッタ発生量は1/5程度まで減少し，特に大粒のスパッタ発生量が激減している．また各種の電流制御方法とスパッタ発生量との比較は図2.17のようであり，電流波形制御によるスパッタ発生量は，リアクタのインダクタンスを最適化して出力を制御する

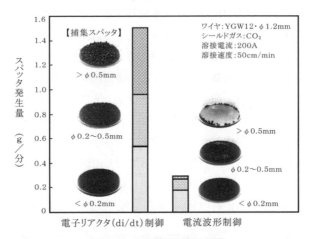

図2.16　電流波形制御の効果

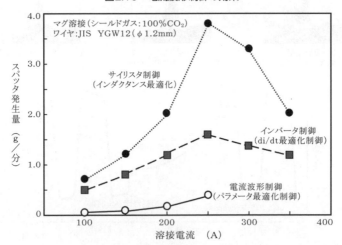

図2.17　出力波形制御法とスパッタ発生量

サイリスタ制御の場合の 1/10 以下，電流変化速度を電子回路で最適化して出力を制御するインバータ制御の場合の 1/5 程度まで減少する。

2.4 溶接条件とビード形成

2.4.1 ワイヤ溶融量

前章 1.1 節で述べたように，溶極式溶接法であるマグ溶接でのワイヤ溶融量は溶接電流に強く依存し，溶接電流とワイヤ溶融量とをそれぞれを独立に制御することはできない。両者の関係の一例を示すと**図 2.18**のようであり，溶接電流の増加にともなってワイヤ溶融量は増大する。

溶接電流が同一であっても，ワイヤ径が異なると溶融量は異なり，細系ワイヤほど溶融量は多くなる。前章 1.4 節で述べたように，ワイヤ溶融量はアーク発熱による溶融量とワイヤ突出し部で発生する抵抗発熱による溶融量とによって決まる。溶接電流が同一であればアーク発熱による溶融量も同じであるが，抵抗発熱による溶融量にはワイヤ突出し部の抵抗値が関与し，溶接電流が同一であっても抵抗値が異なるとその溶融量も異なる。ワイヤ突出し部の抵抗値

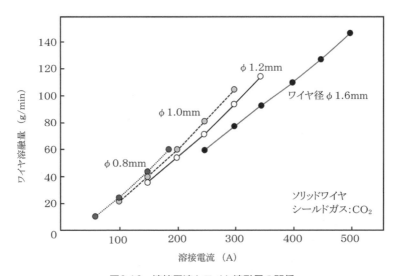

図 2.18 溶接電流とワイヤ溶融量の関係

は，ワイヤ突出し長さに比例し，ワイヤ断面積に反比例する。すなわち，細系ワイヤほどワイヤ断面積が小さくなるため抵抗値が増加し，ワイヤ突出し部で発生する抵抗発熱量が多くなって溶融量が増加する。

2.4.2　溶接条件の影響

　溶接ビード形成に及ぼす溶接条件（溶接電流，アーク電圧および溶接速度）の影響は**図2.19**のようであり，アーク電圧（アーク長）と溶接速度を一定にして，溶接電流を増加させると母材への入熱および溶着量が増加し，ビード幅，溶込み深さおよび余盛量が増大する（a）。溶接電流と溶接速度を一定にして，アーク電圧を高くするとビード幅が増加し，溶込み深さと余盛高さが減少する（b）。また溶接電流とアーク電圧を一定にして溶接速度を速くすると，単位長さ当たりの入熱量が減少するため，ビード幅と溶込み深さはともに減少する（c）。

　溶接ビードの形成に及ぼす溶接電流と溶接速度の関係は，一般に**図2.20**のようである。溶接電流が小さく溶接速度が速い小電流／高速域では，母材への入熱が不足して溶込み不足が生じる。反対に溶接電流が大きく溶接速度が遅い大電流／低速域では，母材に過大な熱が加えられて，薄板では溶接金属の溶落ちや母材の穴あきが発生する。また溶接電流が大きく溶接速度も速い大電流／高速域では，アークによる母材の掘り下げ作用が強くなるため，母材の溶融幅がビード幅より広くなって，アンダカットやハンピングが発生しやすくなる。

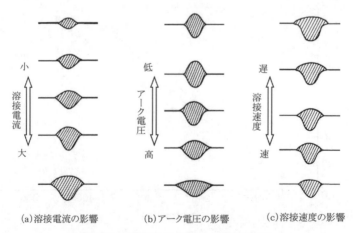

(a)溶接電流の影響　　(b)アーク電圧の影響　　(c)溶接速度の影響

図2.19　溶接条件によるビード形状の変化

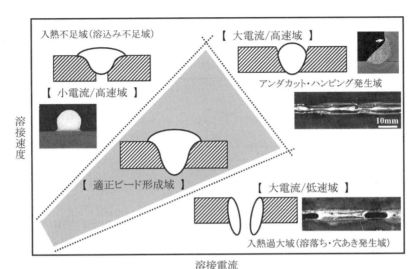

図2.20 ビード形成に及ぼす溶接条件の影響

前章1.5節で述べたように、溶融池金属は一旦溶融池後方へ押しやられた後、逆流して溶融池前方に戻されるが、溶接速度が速くなると溶融池は後方へ長く伸びて形成され、十分な溶融池金属が前方まで戻りきる前に後方で凝固して、溶融池前方でのビードを形成する溶融金属量が不足することによって生じる現象である。

2.4.3 ワイヤ突出し長さの影響

電流（ワイヤ送給速度）および電圧の設定を一定にしてワイヤ突出し長さを長くすると、溶着量は変化しないが、溶接電流が減少するため母材への入熱も減少し、ビードは溶込みが浅く余盛が高いものとなる。**図2.21**に示すようにワイヤ突出し長さが長くなると、ワイヤ突出し部の抵抗値は長さに比例して増加し、そこで生じる抵抗発熱は増大する。

上述2.4.1項の繰返しとなるが、ワイヤ溶融量はアーク発熱による溶融量とワイヤ突出し部で発生する抵抗発熱による溶融量とによって決まる。そのため抵抗発熱が増大すると、電流・電圧設定が一定であっても、ワイヤ溶融量は増加する。ワイヤ突出し長さが短い場合に適正なアーク状態が得られていたとすると、その時はワイヤの供給（送給）量と溶融量がバランスしてアーク長は一

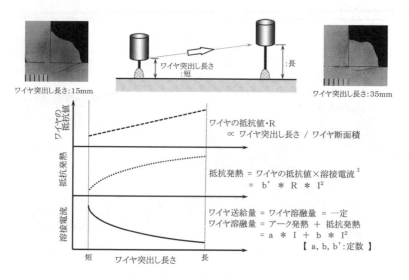

図2.21 ワイヤ突出し長さの影響

定に保たれている。しかしワイヤ突出し長さが長くなると，ワイヤの溶融量が増加するため，供給量より溶融量のほうが多くなってアーク長は伸びようとする。ところがマグ溶接には，アーク長の自己制御作用がある定電圧特性電源が用いられる（上記2.1.2項参照）。すなわち，アーク長が伸びようとすると，電流が自動的に減少してワイヤ溶融量を低減させ，アーク長の変化を抑制する。その作用によってワイヤ突出し長さが長くなると電流が減少することとなる。

2.4.4 トーチ角度の影響

マグ溶接では，溶融池の観察を容易にするなど，作業性向上を目的として，トーチを溶接方向と反対に10～15°程度傾けて溶接することが多く，この方法を"前進溶接"，その傾斜角を"前進角"という。また溶接方向と同じ側に傾けて溶接することを"後進溶接"，傾斜角を"後進角"という。

前進溶接では，**図2.22**に示すように，溶融池金属を前方へ押出すようにアーク力が作用するため，ビードは扁平で溶込みは浅くなる。反対に後進溶接では，溶融池金属の前方への移動を堰き止め後方へ押しやるようにアーク力が作用し，ビードは凸で溶込みが深くなる。

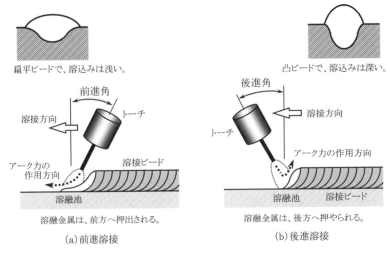

図2.22　トーチ角度の影響

2.4.5　溶接姿勢の影響

マグ溶接は，図2.23に示すように，種々の溶接姿勢に適用されるが，そのビード形成や溶接作業性は溶接姿勢によって大きく異なる。下向溶接では重力

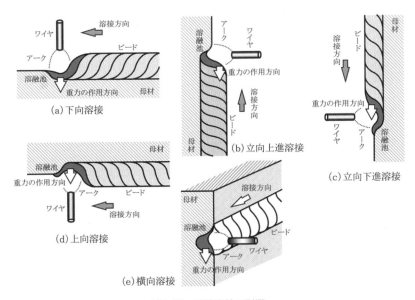

図2.23　溶接姿勢の影響

44 第2章 マグ溶接現象

による溶融池金属の垂れ落ちを考慮する必要がないため，大きい溶融池を形成でき，高能率な溶接も可能である。立向上進溶接では，重力の影響を受けて溶融池金属が溶融池後方に垂れ下がり，溶込みは深くビードは凸となりやすい。立向下進溶接では，溶融池金属の垂れ下がりを防ぎ，溶融池金属の垂れ落ちが生じないようにしなければならない。ビードは扁平で溶込みが浅く，裏波ビードの表面は凹形になりやすい。上向溶接では，表面張力で溶融池金属を保持してビードを形成しなければならない。溶融池が大きくなり過ぎると重力が表面張力より大きくなって溶融池金属の落下が生じる。溶込みは浅くビードはやや凸形で，裏波ビードは立向下進溶接と同様に凹形となりやすい。横向溶接では溶融池金属の上部が垂れ下がり，ビードの上端部が凹，下端部が凸のビード形状(ハンギングビード)となりやすいため，下向溶接のように大きい溶融池を形成することはできない。

　なお下向き溶接であっても溶接線が傾斜している場合には，傾斜の度合いによってアーク力および重力の影響は異なる。上り坂溶接では，立向上進溶接に近い特性となって，凸ビードになり易い。また下り坂溶接では，立向下進溶接に近い特性となって，溶融池の先行が生じやすくなる。

第3章
マグ溶接機

3.1 マグ溶接機の構成

　マグ溶接機の代表的な構成は**図3.1**のようである。溶接電源には，一般に，直流定電圧特性電源が用いられる。アーク長は定電圧特性電源のアーク長自己制御作用（前章 2.1.2 項参照）で自動的に制御されるため，特別なアーク長制御は必要としない。また溶接電源には，溶接電流および電圧を遠隔で操作するための遠隔操作箱（リモコンボックス）を接続するための端子が設けられている。

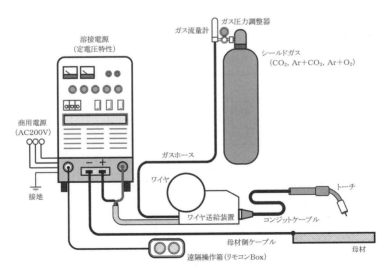

図3.1　マグ溶接機の構成

46　第3章　マグ溶接機

　ワイヤ送給装置は搭載したワイヤを定速送給するための装置であり，電源ケーブルおよび制御ケーブルを介して溶接電源に接続される。シールドガスの流出・停止を制御する電磁弁もここに設けられることが多く，ガスボンベなどから供給されるシールドガスはガス流量調整器で減圧された後，ワイヤ送給装置へ送られる。なお，ワイヤ送給装置の電源ケーブルは溶接電源のプラス（＋）端子に接続し，母材側ケーブルはマイナス（－）端子に接続する。

　トーチはワイヤ送給装置に接続され，ワイヤとシールドガスの供給を受ける。ワイヤはコンジットケーブルに内蔵されたライナーに案内されてトーチ先端部へ導かれ，トーチ先端部に設けられたコンタクトチップから給電されて，母材との間にアークを発生させる。同時に，電磁弁で流出・停止を制御されるシールドガスもコンジットケーブル内を通って，トーチ先端から溶接部へ放出される。

3.2　溶接電源

3.2.1　溶接電源の種類

　マグ溶接に用いられる溶接電源には，**表3.1** に示すようなものがある。タッ

表3.1　主なマグ溶接電源の構成

プ切替式電源では，変圧器の出力側コイルに設けたタップを切替えることによって，出力を段階的に調整する。スライドトランス式電源では，変圧器出力側コイルへの接続点をブラシでスライドさせることによって，出力を連続的に変化させる。なおタップ切替式電源やスライドトランス式電源は，溶接電流や電圧を遠隔で操作することはできないが，比較的安価で簡便な電源として薄板の溶接などに適用されている。

トランジスタチョッパ制御電源は，変圧器の出力側に設けたトランジスタをON/OFFして所定の出力を得るもので，主にパルスマグ溶接用電源として開発されたが，インバータ制御電源の出現にともなって姿を消しつつある。エンジン駆動発電機式電源は，屋外作業など十分な受電設備を確保できない場合に多用されている溶接電源で，エンジンで駆動する発電機の回転数を制御して出力を調整する。

マグ溶接で最も多用されている電源は，サイリスタと呼ばれる半導体素子で出力を制御するサイリスタ制御電源と，パワートランジスタで構成されたインバータ回路で出力を制御するインバータ制御電源である。近年はデジタル制御電源も多用されるようになっているが，デジタル制御電源の出力もインバータ回路で制御されている。

3.2.2 サイリスタ制御電源

サイリスタ制御電源の構成は**図3.2**のようである。商用交流を変圧器で所定の電圧に降圧した後，サイリスタと呼ばれる半導体素子で構成した回路で，交流を直流に変換（整流）すると同時に，その導通時間を増減して出力の大小を制御する。サイリスタ回路で作られる出力は断続的な鋸歯状波であるため，それをリアクタで連続した比較的滑らかな直流に平滑して溶接に用

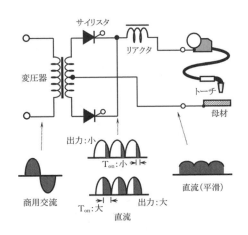

図3.2　サイリスタ制御電源の構成

いる。このようなサイリスタによる出力調整は，点弧位相角制御と呼ばれ，サイリスタの導通時間（点弧位相角）・T_{ON} を短くすると出力は小さく，T_{ON} を長くすると出力は大きくなる。

サイリスタ制御電源は，構造が比較的簡単で，遠隔制御やきめ細かな出力調整も容易で，かつ耐久性にも優れている。そのため，中，厚板を用いる産業分野を中心に，比較的安価なマグ溶接機として幅広く使用されている。

3.2.3 インバータ制御電源

インバータ制御電源の構成をサイリスタ電源と比較すると**表3.2**のようである。インバータ制御電源では，商用交流を整流して得た直流を，変圧器の入力側に設けたインバータ回路へ入力して高周波交流に変換する。そして，その高周波交流を変圧器で所定の電圧まで降圧した後，整流回器で再び直流に変換する。得られた櫛歯状の直流は，リアクタで平滑して変動の少ない連続した直流として溶接に用いる。出力は，インバータ回路を構成するトランジスタの導通時間・T_{ON} を制御して調整する。

表3.2　回路構成・特徴の比較

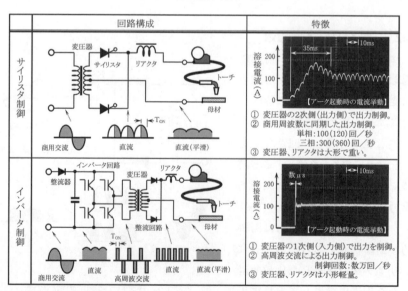

インバータ制御溶接機の回路構成はかなり複雑になるが，出力調整はインバータ回路のパルス幅（PWM）制御によって行われるため，出力を高速で制御することが可能である。例えば，インバータ回路で40kHzの高周波交流を作ったとすると，その制御回数は4万回/秒となり，出力はサイリスタ制御の数百倍の速度で制御されることとなる。表3.2右欄の電流波形はアーク起動時の電流挙動を比較したものであり，所定の電流値（100A）へ達するまでに，サイリスタ制御の場合は約35msを要するが，インバータ制御ではほぼ瞬時に（数μsで）設定値へ到達している。

また，出力制御周波数と変圧器の大きさ（体積）はほぼ反比例する関係があり，高い出力制御周波数を用いるインバータ制御電源の変圧器は大幅に小形・軽量化される。その一例を示すと**図3.3**のようであり，インバータ制御電源の質量は，サイリスタ制御電源に比べ，1/3〜1/2程度に軽減される。さらにインバータ制御電源では，インバータ回路が変圧器の入力側に位置するため，インバータが動作しない場合は変圧器への電圧の印加はなく，変圧器での無負荷損失の発生を防止できる。またインバータ制御電源には，力率や効率の向上などの省エネルギー効果もある。

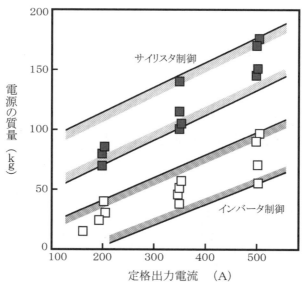

図3.3　マグ溶接電源の定格出力と質量の関係

3.2.4 デジタル制御電源

デジタル制御電源は20世紀末から21世紀初頭にかけて開発された電源であり，その構成は**図3.4**のようである。出力を作り出す主回路はインバータ制御回路そのものであり，出力の制御方式で分類するとインバータ制御電源に包含される。

デジタル制御は，電源の出力制御や種々な動作・シーケンスを制御するために用いられる。電源に搭載されたマイクロコンピュータ（マイコン）が，インバータ回路を駆動するパルス幅制御信号（電源の出力レベルを決定するための信号）の発信，電源前面パネルの溶接モードや溶接条件などの表示，各種センサ信号に基づく異常などの表示，およびワイヤ送給モータやガス電磁弁の動作などを制御する。

遠隔操作箱（リモコンボックス）はデジタル式が基本であるが，A/D変換器を介して従来の安価なアナログ式リモコンも使用できるように工夫されている。またロボット溶接などを考慮して，そのティーチングペンダントをリモコンとして使用することも可能である。その他，各種溶接条件やパラメータの記憶・再生(呼出)を始めとして，マイコンの通信機能を利用した外部の制御装置

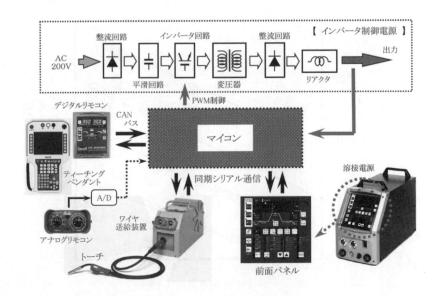

図3.4 デジタル制御電源の構成

やIT機器との接続などの新しい機能が数多く付加されている。

3.3 ワイヤ送給装置

3.3.1 ワイヤ送給装置の種類

ワイヤの送給方式は図3.5に示す3種類に大別される。"プル (Pull) 式ワイヤ送給 (a)"では，トーチと送給装置を一体化して，ワイヤをトーチに引っ張り込むようにして送給する。送給装置とトーチはコンジットケーブルを介さずに直結されるため，ワイヤ径 ϕ 1.0 mm 以下の細径ワイヤでも良好なワイヤ送給性能を得ることができる。しかし，トーチと送給装置を一体化すると大型化して質量も重くなりやすいため，軽量の専用ワイヤリールを使用するなど，操作性を改善するための工夫がなされている。

"プッシュ (Push) 式ワイヤ送給 (b)"は，広汎な分野で多用されている最も標準的なワイヤ送給方式である。トーチの根元部を送給装置に装着し，トーチの先端部までワイヤを押出すようにして送給する。標準的なトーチの長さは3 m

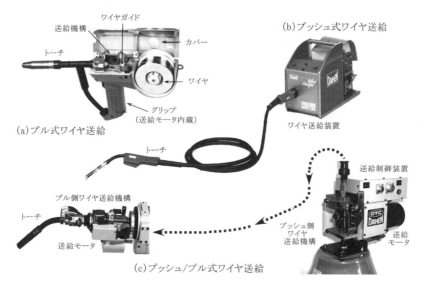

図3.5 ワイヤ送給方式と装置外観

程度であるが，大型構造物への適用などを考慮してその長さを 4.5 m あるいは 6 m としたものもある。しかしトーチ長さが長くなるほど送給抵抗は増大するため，良好なワイヤ送給性能を確保するための注意・工夫が必要である。

"プッシュ/プル(Push-Pull)式ワイヤ送給(c)"は，プッシュ式ワイヤ送給とプル式ワイヤ送給を組合せた方式で，プル式ワイヤ送給よりさらに良好な送給性能が得られる送給方式である。近年，溶接ロボットの先端(手首)部へ取付可能な小型・軽量(質量数 kg 程度)のプル式ワイヤ送給装置が開発された。これによって，プッシュ/プル式ワイヤ送給における問題点が大幅に改善され，ロボット溶接などでのワイヤ送給トラブルに対する有効な対策として適用が拡大している。しかしこの方式が半自動溶接に用いられることはほとんどない。

3.3.2 ワイヤ送給機構

ワイヤの送給機構には，**図3.6** に示すような，"2 ローラ方式(a)"と"4 ローラ方式(b)"とがある。従来は 2 ローラ方式が一般的であり，フラットな加圧ローラと V 溝付き送給ローラとをそれぞれ上下に配し，加圧ローラによる加圧で生じる摩擦力を利用してワイヤを送給する。

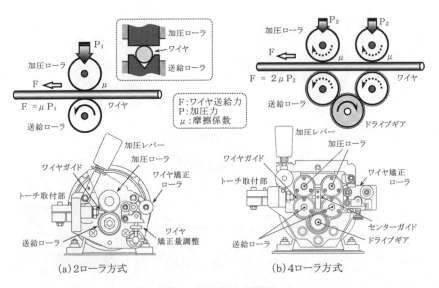

図3.6　ワイヤの送給機構

4ローラ方式は近年採用が増加している方式で，2ローラ方式の場合と同様の加圧ローラと送給ローラをそれぞれ2個上下に配してワイヤを送給する。2組の加圧ローラと送給ローラが使用されるが，駆動モータは1つであり，モータ軸に取付けられたドライブギアが，ギアを介して前後2個の送給ローラを同期駆動する。4ローラ方式では，2ローラ方式と同じ加圧力で二倍のワイヤ押出(送給)力が得られ，ワイヤ送給の安定性は大幅に向上する。またワイヤ押出力を同一にする場合は，ワイヤへの加圧力を2ローラ方式の1/2に低減できるため，ワイヤの変形抑制や切り粉発生量の低減などの効果が得られる。

3.3.3　ワイヤ送給制御

従来のワイヤ送給制御では，**図3.7**(a)に示すように，送給速度指令電圧と送給モータの再起(発電)電圧が一致するように，送給モータの駆動電圧をアナログ回路でフィードバック制御していた。しかしこの方法では，必ずしもモータの回転数を制御していることにはならず，場合によっては送給速度に誤差を生じることがある。近年の溶接電源のデジタル化にともない，ワイヤ送給制御にもデジタル制御が適用されるようになった。ワイヤ送給のデジタル制御は，同図(b)に示すように，送給モータに付加したエンコーダで検出した回転数と，送給速度指令に基づいて演算した回転数が一致するように，デジタル制御回路で送給モータのサーボ制御あるいはフィードバック制御を行う。エンコー

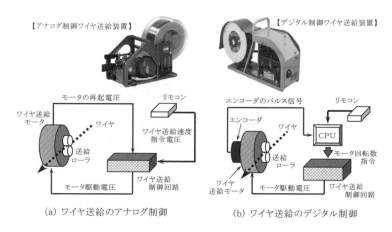

図3.7　ワイヤ送給速度制御方式の比較

ダは回転角度に応じて所定のパルス信号を発信する検出器であり，溶接ロボットのモータ制御などにも用いられている．

3.4 トーチ

3.4.1 トーチの構造

　トーチは，ワイヤ送給装置によって供給されるワイヤを溶接部へ導くとともに，電源から供給される溶接電流（電圧）をワイヤに通電（印加）して，アークを発生させる役割をもつ．また，溶接部へのシールドガスの供給も行う．トーチの構造は**図3.8**のようであり，小形・軽量でかつ安価な器具であるにもかかわらず，その構造は複雑で，多数の部品によって構成されている．
　ワイヤは，コンジットケーブルの内部に装着されるライナーを通って3〜

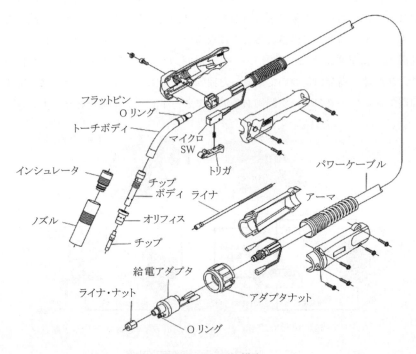

図3.8　トーチの構造

6 m 先のトーチ先端部まで導かれ，その先端部のチップで給電されてアークを発生させる電極となる。マグ溶接で使用されるライナーの材質は鋼あるいはステンレス鋼であり，場合によってはライナー内面が潤滑剤である二硫化モリブデン（MoS_2）でコーティングされたものも用いられる。

　ノズルは，アークおよび溶融池を大気から保護するシールドガスの流れを適正化するための部品であり，多量のスパッタが付着すると良好なシールド性能は得られない。

3.4.2　トーチの種類

　トーチの形状にはカーブド形，ストレート形およびピストル形がある。半自動溶接に用いられるトーチはカーブド形が一般的であり，ストレート形トーチはロボット溶接などの自動溶接に，ピストル形トーチはアルミニウムの溶接に用いられる。トーチの冷却方式には空冷と水冷とがあるが，操作性を重視した空冷方式が大半を占める。しかし，耐熱性やワイヤ送給性などの考慮が必要な大電流溶接用トーチには水冷方式が採用されている。

　作業内容や操作性に応じて種々なトーチが市販されており，その代表例を示すと**表3.3**のようである。最も一般的なトーチは定格電流 350 A，使用率 60%（後述 5.1.1 項参照）の標準タイプであり，大電流溶接では定格電流 500 A，使用率 60%の標準タイプが多く用いられる。しかし，これらの定格電流・使用率はシールドガスを 100% CO_2 とした場合の値であり，Ar の混合量が多い Ar + 20% CO_2 などの混合ガスをシールドガスとして用いる場合は，定格

表3.3　主なマグ溶接トーチの種類

		低使用率タイプ	標準タイプ		水冷タイプ
トーチ外観					
冷却方式		空冷			水冷
100% CO_2	定格電流	350A		500A	－
	定格使用率	30%	60%	60%	－
Ar + 20%CO_2	定格電流	200A	300A	450A	400A
	定格使用率	30%	30%	30%	100%

電流は 300 A に，定格使用率は 30% に低下する。CO_2 は高温になると CO と O に解離し，その時多量（283 kJ）の熱量を奪う（前章 2.2.2 項参照）。この CO_2 解離にともなう冷却作用は，トーチの冷却にも有効であり，シールドガスを 100% CO_2 とする場合の定格電流・使用率向上に大きく寄与する。

　低使用率タイプは操作性向上を目的としたトーチで，主に薄板の溶接やタック溶接に用いられる。トーチ部品の熱容量を必要最小限として軽量化を図るとともに，コンジットケーブルも柔らかいものとすることによって，操作性を向上させている。

　水冷タイプは，Ar + CO_2 混合ガスをシールドガスとして用いる大電流・高使用率溶接での使用を目的としたトーチである。トーチが過熱すると最初にチップが影響を受け，その内径が収縮する。チップにはワイヤに対して 0.15 〜 0.2 mm 程度のクリアランスが設けられているが，チップの温度が上昇すると内径が小さくなる方向に膨張し，その穴径の縮小がワイヤの送給抵抗を増加させる。極端な場合には，数秒でワイヤをまったく送給できなくなる。そのため大電流での溶接時には，冷却性能に優れた水冷トーチの使用が不可欠である。シールドガスが 100% CO_2 の場合にも水冷トーチはもちろん適用できるが，質量が重く，操作性も劣るため使用されることはほとんどない。

3.5　ガス圧力調整器

　シールドガスとして用いられる CO_2 や Ar はガス容器（ボンベ）で使用されることが多く，通常，CO_2 は内容積 40 ℓ 入りのボンベに液体の状態で 30 kg が，Ar は内容積 47 ℓ 入りのボンベに約 15 MPa（35℃の場合）の高圧で 7,000 ℓ が充填されている。

　ガス圧力調整器は，この高圧ガスを溶接に使用する 0.15 MPa 程度まで減圧する器具である。また流量計は溶接部へ供給するシールドガスの流量を設定するためのものであり，図3.9 のように，ガス圧力調整器と流量計は一体化されたものが多い。シールドガス流量は，上下する浮標（フロート）と流量計に刻まれた目盛とを見ながら，流量調整弁を開閉するためのつまみを回して調節する。

　ガス圧力調整器ならびに流量計はガスの種類によって異なるため，シールド

ガスとして用いるガスに応じたものを用いなければならない。CO_2 は液体のガスを気化させて使用するため,圧力調整器のみでは凍結が生じて供給圧力が安定しない。そのため炭酸ガスの場合には,ヒーターが内蔵されたタイプ(図3.9(a))や,フィンを利用して大気との熱交換を行うタイプ(図3.9(b))の圧力調整器が用いられる。また圧力調整器には,出口圧力を調整するための調整ハンドルが付加されており,通常は 0.15 MPa に設定して使用する。

Ar はガスとして充填されているため,圧力調整器にヒーター類は付加されていない。また出口圧力が 0.15 MPa に固定されているものが多く,その場合には圧力調整ハンドルはない。なお,ガスの種類に応じたガス圧力調整器の使用が基本であるが,Ar+20%CO_2 混合ガスを使用する場合は Ar 用圧力調整器を流用することが多い。

(a) 炭酸ガス(CO_2)用　　　　(b) アルゴン(Ar)用

図3.9　ガス圧力調整器

第4章

溶接材料

4.1 ワイヤ

4.1.1 ワイヤの種類

　マグ溶接に用いられるワイヤは，**図4.1**に示すように，ソリッドワイヤとフラックス入りワイヤとに大別される。ソリッドワイヤは断面が中実で，所定成分を含有した断面同質の針金状ワイヤで，わが国で最も多く使用されている溶接材料である。またソリッドワイヤには，表面に銅めっきを施したものと施さないものとがある。
　フラックス入りワイヤは，チューブ状の外皮金属（シース）の内面にフラック

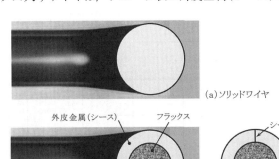

図4.1　ワイヤの種類

スが充填されているワイヤで，外皮金属に継目（シーム）がない"シームレスタイプ"と継目がある"シームありタイプ"とがある。フラックス入りワイヤは，一般に，連続的に供給される外皮帯鋼をU型に成形し，その中にフラックスを充填した後，外皮帯鋼を造管整形して製造する。そのため外皮金属の表面には，造管整形時のシームが残り，フラックスの吸湿に起因する溶接欠陥（例えばピットやガス溝など）が発生しやすい，銅めっきなどの湿式表面処理ができないなどの短所をもっていた。しかし近年では，シーム間隔をより狭く整形する工夫がなされ，耐吸湿性はシームレスタイプと遜色ないレベルに達している。

一方，シームレスワイヤの製造では，フラックス充填後の造管工程で溶接を採用し，外皮金属の造管溶接によってフラックス充填管を作る。銅めっきを施すことができるシームレスワイヤは，ワイヤ-チップ間の通電性を改善し，チップの耐摩耗性，アークの安定性やワイヤの送給性を向上させる効果が得られる。また，フラックスの吸湿に起因した溶接欠陥の発生も抑制できる。

4.1.2　ソリッドワイヤ

軟鋼・高張力鋼の溶接に用いられる主なソリッドワイヤは**表4.1**に示すようであり，JIS（Z 3312）では，ワイヤの化学成分および溶着金属の機械的性質が

表4.1　軟鋼・高張力鋼用ソリッドワイヤ

記号	シールドガス	溶着金属の化学成分(vol%)									溶着金属の機械的性質				
											引張試験			衝撃試験	
		C	Si	Mn	P	S	Cu*	Mo	Al	Ti+Zr	引張強さ(MPa)	降伏点0.2%耐力(MPa)	伸び(%)	温度(℃)	吸収エネルギー(J)
YGW11	CO_2	0.02~0.15	0.55~1.10	1.40~1.90	0.030以下	0.030以下	0.50以下	—		0.02~0.30	490~670	400以上	18以上	0	47以上
YGW12			0.50~1.00	1.25~1.90						—		390以上			
YGW13			0.55~1.10	1.35~1.90				0.10~0.50		0.02~0.30					27以上
YGW14			1.00~1.35	1.30~1.60				—		—	430~600	330以上	20以上		
YGW15	Ar+CO_2		0.40~1.00	1.00~1.60						0.02~0.15	490~670	400以上	18以上	-20	47以上
YGW16				0.85~1.60								390以上			27以上
YGW17			0.20~0.55	1.20~2.10							430~600	330以上	20以上		
YGW18	CO_2		0.55~1.10	1.40~2.60			0.40以下			0.30以下	550~740	460以上	17以上	0	70以上
YGW19	Ar+CO_2		0.40~1.00	1.40~2.00											47以上

* 銅めっきが施されている場合は、めっきの銅を含む。

規定されている。

マグ溶接では，シールドガスに含まれる CO_2 や O_2 から生じた酸素 (O) が溶融金属中に侵入し，溶融金属を著しく酸化する。酸化による溶融金属中の酸素量増加は健全な溶接金属の形成を阻害するため，溶融金属の脱酸を目的として，ワイヤには Si (シリコン) および Mn (マンガン) が添加されている。Si および Mn は溶融金属中の O と反応し，SiO_2 および Mn_2O_3 を生成して溶融金属中の O 量を減少させる。そして，生成した SiO_2 および Mn_2O_3 は溶融池表面に浮上してスラグとなる。

YGW12 は，100%CO_2 をシールドガスに用いる溶接の最も基本的なソリッドワイヤで，化学成分として C (炭素)，Si，Mn，P (りん) および S (硫黄) の含有量のみが規定されている。一般に，溶滴が短絡移行 (前述 2.2.1 項参照) する小電流域 (ϕ 1.2 mm ワイヤでは 200 A 程度以下の電流域) での溶接に用いられる。

YGW11 はわが国独特のワイヤで，100%CO_2 をシールドガスに用いるマグ溶接の大電流域 (ϕ1.2 mm ワイヤでは 200 A 程度以上の電流域) で使用されることが多い。化学成分として，C，Si，Mn，P および S の他に Ti (チタン) や Zr (ジルコニウム) が微量添加されている。Ti および Zr は O との親和力が強く，溶滴や溶融池の O 量を低減させてそれらの粘性を増大させる。その結果，YGW12 に比べ，溶滴がグロビュール移行 (前述 2.2.2 項参照) する電流域での溶接では，アークの安定性向上，溶滴移行のスムーズ化およびスパッタの低減などの効果が得られる。

シールドガス 100%CO_2 用の YGW11 や YGW12 などのワイヤは，Ar-CO_2 混合ガス用の YGW15 や YGW16 などに比べ，ワイヤ中の Si と Mn の量が多く規定されている。CO_2 の酸化力は Ar-CO_2 混合ガスより強いため，Si と Mn は溶融金属の脱酸による消費が多く，溶接金属中に残存するそれらの量が少なくなり過ぎることを避けるためである。YGW16 ワイヤを用い，シールドガス中の CO_2 混合比を変えた溶接を行うと，溶接金属の化学成分は**表4.2** のように変化する。CO_2 の混合比率が減少するに従って，溶融金属中の酸素量も減少するため，Si および Mn による脱酸が減退し，溶接金属中の Si と Mn の歩留まりが増加する。したがって Ar+20%CO_2 混合ガス用ワイヤを，誤って 100%CO_2 のシールドガスで使用すると，溶接金属中の Si と Mn が減少し過ぎ

62   第4章　溶接材料

る。その結果，**表4.3** に示すように，溶接継手の降伏点および引張強さは低下し，伸びおよび吸収エネルギーが増加する。反対に100%CO_2用ワイヤ（YGW11やYGW12など）を Ar-CO_2混合ガスで使用すると，継手強度は高くなるが，じん性が低下する。

　YGW17 は，自動車部品のパルスマグ溶接の改善を目的として開発された低Si系のワイヤである。ワイヤ中の Si を低減させることによって，ワイヤ先端に形成される溶滴の粘性が低下し，溶滴のワイヤ端からの離脱が容易になる。その結果，ワイヤ端から離脱する溶滴径は小粒となり，アーク長を短くしても短絡が生じにくくなるため，溶接速度の高速化が可能になる。

　YGW18 および YGW19 は，大入熱・高パス間温度に対応するために開発されたワイヤである。建築鉄骨の溶接施工では，近年，より厳格な溶接施工管理が要求されるようになってきた。日本建築学会の鉄骨工事技術指針では，溶接部の健全性確保のために「溶接入熱 40kJ/cm 以下かつパス間温度 350℃ 以下」を溶接時の熱管理の目安としている。建築鉄骨の柱-梁仕口溶接部の溶接長は一般の溶接構造物に比べて短く，連続で溶接するとパス間温度が300〜600℃まで上昇することがある。パス間温度が高くなると，溶接部の冷却速度が遅く

表4.2　シールドガス組成と溶着金属の化学成

シールドガス	化学成分(Vol%)				
	C	Si	Mn	P	S
CO_2	0.10	0.22	0.62	0.015	0.009
Ar＋20%CO_2	0.10	0.39	0.80	0.014	0.007
Ar＋10%CO_2	0.09	0.39	1.06	0.014	0.007

表4.3　シールドガス組成と溶着金属の機械的性質

シールドガス	機械的性質			
	降伏点 (N/mm²)	引張強さ (N/mm²)	伸び (%)	吸収エネルギー (J・0℃)
CO_2	400	500	36	140
Ar＋20%CO_2	420	540	34	120
Ar＋10%CO_2	460	550	30	110

なり，溶接金属の引張強さやじん性が規格を満たさなくなる。この問題を解決するために，Mo（モリブデン）を添加した Ti-B（ほう素）系高じん性ソリッドワイヤが開発され，YGW18 および YGW19 として JIS に追加された。これらのワイヤでは，従来ワイヤ（YGW11）の場合より溶接入熱を大きく，パス間温度を高くしても，良好な機械的性質の溶接金属が得られる。すなわち入熱管理の煩わしさを軽減できるばかりでなく，パス間温度上昇にともなう冷却待ち時間を短縮でき，高品質・高能率な施工が可能となる。

ソリッドワイヤでは，一般に，通電性・送給性の向上と防錆を目的として，ワイヤ表面には銅めっきが施されている。近年，従来常識とされていた銅めっき処理を施さない，銅めっきレスワイヤが開発されている。特殊な表面処理を施すことによって銅めっき処理を省き，優れたワイヤ送給性や通電性を確保するとともに，良好なアークの安定性や低スパッタ化なども実現している。

その他，低温用鋼用ソリッドワイヤ（JIS Z 3312），耐候性鋼用ソリッドワイヤ（JIS Z 3315），モリブデン鋼およびクロムモリブデン鋼用ソリッドワイヤ（JIS Z 3317）および鋳鉄用ソリッドワイヤ（JIS Z 3252）などが規格化されている。また規格化されていないが，耐火鋼（FR鋼）用ソリッドワイヤも市販されている。ステンレス鋼のソリッドワイヤについては後述（4.1.4 項）する。

4.1.3　フラックス入りワイヤ

主なフラックス入りワイヤの構成は**図4.2** のようである。代表的なスラグ系ワイヤであるルチール系ワイヤのフラックスは，スラグ形成剤，合金・脱酸剤およびアーク安定剤などで構成されている。もう１つのスラグ系ワイヤであるすみ肉溶接用ワイヤのフラックス構成もルチール系ワイヤと同様であるが，フラックスに添加される鉄粉量は多い。これらのスラグ系ワイヤではスラグ形成剤を主原料としているため，発生したスラグがビード表面全体を覆い，光沢がある美麗なビード外観が得られる。

ルチール系ワイヤでは，アークを安性化しかつ溶融スラグの粘度を適正化する酸化チタン（ルチール：TiO_2）の量を多くすることによって，スパッタの発生を抑制するとともに，比較的大電流での全姿勢溶接が可能となる。ルチール系フラックス入りワイヤの溶滴移行は**図4.3** のようであり，溶滴の移行形態はグロビュール移行となる。このワイヤが使用できる電流域は，中〜大電流域（ϕ

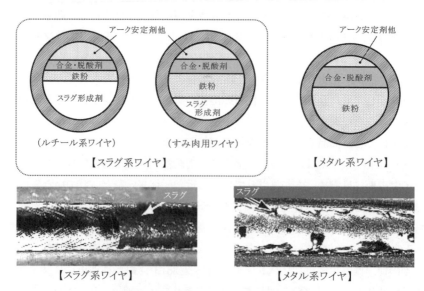

図4.2　スラグ系ワイヤとメタル系ワイヤ

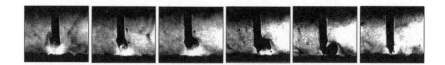

図4.3　スラグ系ワイヤの溶滴移行形態

1.2mm ワイヤでは 180～320 A 程度) に限定される。ソリッドワイヤを用いた溶接では，小電流域での溶滴移行形態は短絡移行となるが，ルチール系フラックス入りワイヤを用いる溶接では溶滴の短絡移行を実現できず，小電流域では安定なアーク状態が得られない。

　すみ肉溶接用ワイヤは，フラックス中の鉄粉添加量を増加させるとともにフラックスの特性も改良したものである。水平すみ肉溶接で得られる最大の脚長は 8mm 程度で，それ以上の脚長を得ようとしてもアンダカットやオーバラップが発生し，良好なすみ肉溶接ビードは得られない。しかし大脚長すみ肉溶接用フラックス入りワイヤでは，脚長 8mm を超える水平すみ肉溶接が可能となり，1パス溶接で最大 10.5～11mm 程度の脚長を得ることもできる。

　メタル系ワイヤは，フラックス入りワイヤの特徴である低スパッタと，スラ

グ発生量が少ないというソリッドワイヤの特徴とを両立させるために開発されたワイヤである。フラックスは，多量の鉄粉と合金・脱酸剤およびアーク安定剤などで構成され，スラグ形成剤はほとんど含まれていない。スラグ系ワイヤを用いた溶接では溶接後のビード表面が凝固スラグで覆われるが，メタル系ワイヤを用いた溶接のビード表面に付着するスラグは極めて微量である。

　軟鋼・高張力鋼の溶接に用いられる主なフラックス入りワイヤは**表4.4**に示すようであり，JIS（Z 3313）では，ワイヤの化学成分および溶着金属の機械的性質が規定されている。この規格は，ISO（国際標準化機構）規格との整合化を目的として2009（平成21）年に大幅改正され，ワイヤの種類を表す記号はかなり複雑なものとなった。しかしこの記号では，溶着金属の引張特性，衝撃試験温度，使用特性，適用溶接姿勢，シールドガス，溶着金属の化学成分およびシャルピー吸収エネルギーなどが一目で分かるようになっている。

　なおISO規格との整合化を目的としたJISの改正は，軟鋼・高張力鋼ソリッドワイヤ（JIS Z 3312）についても同様に行われたが，YGW11～19は使用量が多く，また一部は強制法令に引用されており，改正によって混乱を招くことも予想される。したがって，これらYGW11～19は日本特有の記号として残

表4.4　軟鋼・高張力鋼用フラックス入りワイヤ

記号	シールドガス	溶着金属の化学成分 （Vol%）								溶着金属の機械的性質				
										引張試験			衝撃試験	
		C	Si	Mn	P	S	Ni	Cr	Mo	引張強さ (MPa)	降伏点/耐力 (MPa)	伸び (%)	温度 (℃)	シャルピー吸収エネルギー (J)
T490T1-1CA	CO₂	0.18 以下	0.90 以下	2.00 以下	0.003 以下	0.003 以下	0.50 以下	0.20 以下	0.30 以下	490 ～670	390 以上	18以上	0	27以上
T490T15-1CA														
T490T1-1CA-U														47以上
T591T1-1CA		0.15 以下	0.80 以下	2.25 以下			1.25 -2.25		0.20 -0.65	590 ～790	490 以上	16以上	-5	27以上
T591T1-1CA -N3M2														47以上
T490T1-1MA	Ar+ CO₂	0.18 以下	0.90 以下	2.00 以下			0.50 以下		0.30 以下	490 ～670	390 以上	18以上	0	27以上
T490T15-1MA														
T490T1-1MA-U														47以上

【記号の見方】
　　　　　　　　溶着金属の引張特性(49:490MPa)
　　　　　　　　　　使用特性(T1:ルチール系，T15:メタル系)
　　　　　　　　　　　　シールドガス(C:CO₂,M:Ar+20～25%CO₂)
　　　　　　　　　　　　　　溶着金属の化学成分
T XX X TX-X X X-XXX-U　　シャルピー吸収エネルギー(U:規定の試験温度において47J以上)
　　　　　　　　　　　　　溶接の種類(A:マルチパス溶接で溶接のまま)
　　　　　　　　　適用溶接姿勢(0:下向/水平隅肉，1:全姿勢)
　　　　　　衝撃試験温度(0:0℃，1:-5℃)
　　　アーク溶接用フラックス入りワイヤ

66   第4章　溶接材料

し，ISO に基づく記号との並立で，いずれを使用しても良いこととしている。例えば ISO の記号では，YGW11 は G49 A0UC11，YGW12 は G49 A0C12，YGW15 は G49 A2UM15 となる。

　その他，低温用鋼用（JIS Z 3313），耐候性鋼用フラックス入りワイヤ（JIS Z 3320），モリブデン鋼およびクロムモリブデン鋼用フラックス入りワイヤ（JIS Z 3318），鋳鉄用フラックス入りワイヤ（JIS Z 3252）および硬化肉盛用フラックス入りワイヤ（JIS Z 3326）などが規格化されている。またプライマ塗布鋼板の水平すみ肉溶接での気孔抑制とビード形状改善を目的とした，スラグ系とメタル系の中間的な特徴をもつフラックス入りワイヤも市販されいる。

4.1.4　ステンレス鋼用ワイヤ

　ステンレス鋼のマグ溶接に用いられる主なワイヤは**表4.5** のようであり，"JIS Z 3321：溶接用ステンレス鋼溶加棒，ソリッドワイヤ及び鋼帯"ならびに"JIS Z 3323：ステンレス鋼アーク溶接フラックス入りワイヤ及び溶加棒"に規定されている。ワイヤは化学組成によって種々なタイプに分類されているが，母材の鋼種に応じて使用するワイヤの種類を選定する。なお，ソリッドワイヤは「YS＋3桁の数字」で，フラックス入りワイヤは「TS＋3桁の数字」でその種類を表す。

表4.5　テンレス鋼用ワイヤ

ワイヤ		主成分	特徴・適用鋼種
ソリッド	フラックス入り		
YS410	TS410	13Cr	SUS403・SUS410 などの溶接 予熱、パス間温度の管理要
YS430	TS430	18Cr	SUS430 の溶接
YS308	TS308	19Cr-9Ni	SUS304 の溶接
YS309	TS309	22Cr-12Ni	SUS309S の溶接 炭素鋼とステンレス鋼の溶接
YS310	―	25Cr-20Ni	SUS310 の溶接、耐酸化性優 高温割れが発生し易い
YS316	TS316	18Cr-12Ni-2Mo	SUS316 の溶接、耐高温割れ感受性良 耐食性、高温強度、延性比較的優
YS317	TS317L	18Cr-12Ni-3Mo	SUS317 の溶接、耐食性優
YS347	TS347	19Cr-9Ni-Nb	SUS321・SUS347 の溶接

一般に，マルテンサイト系ステンレス鋼の溶接では SUS410（13%Cr）が，フェライト系ステンレス鋼の溶接では SUS430（17%Cr）が用いられる。これらのステンレス鋼の溶接では結晶粒が粗大化して延性・じん性の低下が生じ易いため，結晶粒の微細化や延性・じん性の改善効果がある Nb（ニオブ）が添加された SUS410Nb および SUS430Nb を用いることもある。また，じん性向上と低温割れ防止の観点から，オーステナイト系の SUS309（23Cr-13Ni）やインコネル系ワイヤ（15Cr-65Ni-2Nb）が用いられることもある。

オーステナイト系ステンレス鋼の溶接では，母材と同一成分のワイヤを用いて溶接することが基本である。しかし SUS304（18Cr-8Ni）の溶接では，溶接性を考慮して，母材と多少組成が異なる SUS308（19Cr-9Ni）ワイヤを用いて溶接することが一般的である。

ステンレス鋼溶接におけるソリッドワイヤとフラックス入りワイヤの使用比率は，フラックス入りワイヤの方がとりわけ高い比率となっている。ステンレス鋼用フラックス入りワイヤの生産量は 1985（昭和 60）年頃から飛躍的に増加し，1991（平成 3）年にはステンレス鋼用被覆アーク溶接棒の生産量を越え，近年では全ステンレス鋼溶接材料に占めるフラックス入りワイヤの比率は 50% 近くにまで達している。比較的熟練を要せずに高能率な半自動溶接ができること，自動化に適したワイヤであることなどがフラックス入りワイヤの適用増加の大きな要因であろうと思われる。

フラックス入りワイヤの外皮金属（シース）には，通常，溶接金属の組成を安定化するためにステンレス鋼を用い，充填フラックスには溶接作業性改善のためのアーク安定剤やスラグ形成剤（炭酸塩・ケイ酸塩・フッ化物・金属酸化物など）の他，合金成分の酸化消耗分補充や溶着量向上および合金元素添加を目的とした金属粉末が用いられる。フラックス入りワイヤを使用する場合のシールドガスには，溶接金属の性能面を重視して，一般に CO_2 を使用することが多い。しかし，スパッタの発生を抑制したい場合や，母材からの希釈を抑えたい肉盛溶接などの場合には，$Ar+20\%CO_2$ 混合ガスも使用され，特殊鋼種の溶接ではワイヤメーカが専用のシールドガスを指定していることも多い。

4.2 シールドガス

ISO規格に準拠したシールドガスの規格は"JIS Z 3253：溶接及び熱切断用シールドガス"として制定されている。これらのガスのうち，マグ溶接に用いられるのは**表4.6**に示す19種類であり，溶接時の反応挙動に基づいて，強酸化性ガスと弱酸化性ガスとに大別される。さらに，強酸化性ガスはC-1～2（2種類），M3-1～5（5種類）およびM2-0～7（8種類）に，弱酸化性ガスはM1-1～4（4種類）に細分化される。ガスの種類を示す記号は，100%CO_2の場合"C-1"，Ar+20%CO_2混合ガスの場合"M2-1"，Ar+5%O_2混合ガスの場合"M2-2"となる。

軟鋼・低合金鋼のマグ溶接では，100%CO_2あるいはAr+20%CO_2混合ガス（いわゆるマグガス）が多用されている。またステンレス鋼では，ソリッドワイヤの場合はAr+2～5%O_2またはAr+5～10%CO_2混合ガスが，フラックス入

表4.6　マグ溶接に用いられるシールドガス

種類		組成（vol%）				反応挙動
大分類	小分類	酸化性ガス		不活性ガス	還元性ガス	
		CO_2	O_2	Ar	H_2	
C	1	100				
	2	残部	0.5～30			
M3	1	25～50		残部		強酸化性
	2		10～15			
	3	25～50	2～10			
	4	5～25	10～15			
	5	25～50				
M2	0	5～15		残部		
	1	15～25				
	2		3～10			
	3	0.5～5				
	4	5～15	0.5～3			
	5		3～10			
	6	15～25	0.5～3			
	7		3～10			
M1	1	0.5～5		残部	0.5～5	弱酸化性
	2					
	3		0.5～3			
	4	0.5～5				

りワイヤの場合は100%CO_2またはAr+20%CO_2混合ガスが主に使用されている。軟鋼・低合金鋼やステンレス鋼の溶接では，シールドガスに不活性ガスを用いるミグ溶接を適用することはできない。

シールドガスに100%Arを用いると，**図4.4**(b)に示すように，アークの著しいふらつきや偏向現象が生じ，多量のスパッタが発生して，ビード外観も不均一なものとなる。このような不安定現象には陰極点を形成する酸化物の存在が大きく関与しており，シールドガスに微量のO_2あるいはCO_2を添加することによって，不安定な挙動やアークの偏向を抑制することができる。シールドガスへのO_2あるいはCO_2の微量添加によって，母材表面での酸化物生成が助長され，陰極点の形成が安定化するためである。

溶込み形状に及ぼすArへのCO_2混合比率の影響は**図4.5**のようであり，100%CO_2ではビード底部でも比較的幅広の溶込みが得られる。しかしAr+CO_2混合ガスの場合には，いわゆるフィンガー形状を示し，ビード底部の溶込

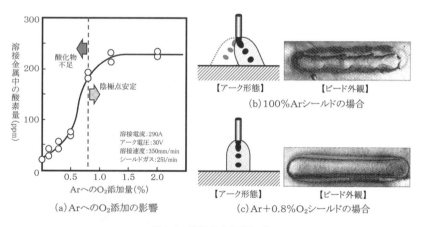

図4.4 陰極点の安定生成

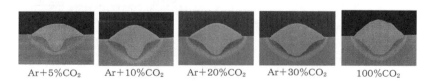

図4.5 溶込みに及ぼすシールドガス組成の影響

み幅が狭くなる．その傾向はCO₂混合比率が少なくなるほど著しいが，CO₂混合比率が50％を超えると溶込み形状に大きい差異は生じず，100％CO₂の場合に類似した溶込み形状が得られる．ただし小電流域では，ガス組成による溶込み形状の差異はほとんど生じない．

4.3 補助材料

片面溶接における裏波ビード形成は裏当材と密接に関係し，その信頼性は裏当材によって大きく左右される．アーク溶接で多用されている裏当材は，裏波ビードの保持を目的とした"裏当金"と，裏波ビードの形成を目的とした"耐火物"とに大別される．裏当金は，主にティグ溶接などで使用する銅（水冷銅）製やステンレス鋼製の非消耗タイプと，マグ溶接の比較的短尺継手などに使用される鋼製の消耗タイプとに分類される．

マグ溶接を対象として開発された非金属の耐火物には，**図4.6**に示すような，セラミックス系とガラステープ系がある．セラミックス系耐火物(a)はタイル状の固形フラックスをアルミ箔へ連続的に貼付けて一体化したもので，接着剤を利用して裏当材を貼付ける．ガラステープ系耐火物(b)は特殊処理したガラステープの両端に，両面接着テープを貼り付けて溶接線に固定できるようにし

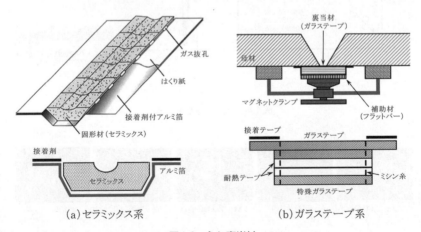

図4.6　主な裏当材

たものであり，接着剤を利用して仮止めした後，マグネットクランプを用いて裏当材を固定する。

溶接始端部には溶込み不良やブローホールなどの欠陥が発生しやすく，終端部には割れやクレータの凹み等が生じやすい。これらの欠陥を接合部の外へ逃がし，健全な溶接金属を得るために，その開先形状に合わせたエンドタブが使用される。エンドタブは材質によってスチールタブ，プレス鋼板タブおよび固形タブなどに分類される。固形タブにはセラミックス系とフラックス系とがあり，固形タブ材は，**表4.7** に示すように，形状によって V 形，L(F)形，K 形，I 形および ST 形に分類される。

表4.7 主な固形タブ材

	V 形	L(F)形	K 形	I 形	ST形
形状					
取付例					

第5章

溶接施工の基礎

5.1 溶接機の準備

5.1.1 溶接電源・トーチの使用率

　溶接電源やトーチは所定の使用条件に基づいて設計されており，むやみに大電流を通電する長時間の連続溶接を行うことはできない．定格出力電流と定格使用率が重要な因子であり，それらの値に応じて決まる使用率によって使用条件が制限される．

　使用率とは，**図5.1**に示すように，断続負荷の状態において，全体の時間（周

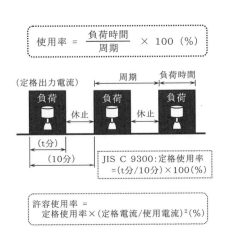
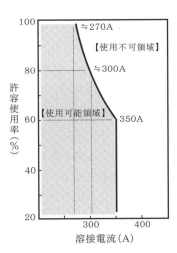

図5.1　使用率と許容使用率

74　第5章　溶接施工の基礎

期）に対する負荷（通電）時間の割合を百分率（％）で表したもので，

$$使用率 = \frac{負荷時間}{（周期：負荷時間 + 休止時間）} \times 100（％）$$

で表される。また定格使用率は，JIS C 9300 で，10 分間の断続負荷周期において，定格出力電流を負荷した時間と全時間との比の百分率であると定義されている。

　しかし実際の溶接作業では，常時，定格出力電流を用いた溶接を行うわけではない。そのため，使用する溶接電流に応じて許容される使用率（許容使用率）の値があり，その値は

$$許容使用率（％） = （\frac{定格出力電流（A）}{使用溶接電流（A）}）^2 \times 定格使用率（％）$$

として算出する。

　例えば定格出力電流 350 A，定格使用率 60％ の溶接電源の場合，定格出力電流（最大溶接電流）の 350 A で溶接する場合の許容使用率は，定格使用率そのものの 60％ であり，6 分間の溶接を行うと，その後の 4 分間は休止しなければならない。しかし，溶接電流 300 A で溶接する場合，上式に従って許容使用率を計算すると，許容使用率は約 80％ となり，8 分間の連続溶接が可能で，その後の休止時間も 2 分に短縮できることが分かる。また上式を変形して，許容使用率が 100％ になる使用（溶接）電流を求めると，その値は約 270 A となり，270 A 以下の溶接電流で溶接する場合は，使用率を気にせずに，長時間の連続溶接が可能であることが分かる。

　上記使用率の計算式は変圧器や巻線の温度上昇を考慮したものであり，溶接電源に限らず，トーチにも適用できる。しかし溶接電源の主回路に半導体（サイリスタ，トランジスタなど）が用いられている電源では，たとえ短時間といえども，定格出力電流より大きい電流を使用するとこれらの素子が焼損する恐れがあるため，定格出力電流以上の電流を絶対に通電してはならない。

5.1.2 溶接機の設置・接続

溶接機設置時の接続作業の主な注意事項は図5.2のようであり，主なポイントは下記のようである。

(a) 電源の設置場所

溶接電源は安全性を十分に考慮して設計・製作されているが，大電流を通電してアークを発生・維持するために必要な電力を供給する装置であり，特に電気に関する安全上の注意事項は厳守しなければならない。

溶接電源・機器は，周囲温度が−10～40℃の範囲内でかつ乾燥した雰囲気で使用することを前提に設計されている。したがってそれらの設置に当たっては，雨や水滴などが当たらない場所を選定し，湿気の少ない環境で使用しなければならない。また直射日光が当たるような場所では，電源の周囲温度が40℃を超えることもありえるため，設置は避けなければならない。

溶接電源の設置は，設置面がコンクリートなどのようにしっかりした水平な場所とし，電源の上部に重いものを置いたり，通風口を塞いだりしてはならない。また壁面などに沿って設置する場合には，電源に必要な冷却効果を得るために，壁面などから300mm以上離さなければならない。複数台の溶接電源を並べて設置する場合も同様に，それぞれの電源間隔を300mm以上離して，各

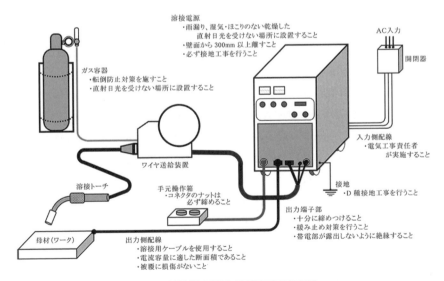

図5.2　溶接機の設置・接続時の注意事項

76　第5章　溶接施工の基礎

電源の発熱が他の電源に悪影響することを防止しなければならない。

（b）入力側ケーブルの接続

　入力ケーブルの接続時には，配電盤のスイッチが完全に切れていることを必ず確認し，接続作業中に誤ってスイッチが投入されないようにする手段を講じなければならない。

　溶接電源への入力には，指定された容量のヒューズ付開閉器，ノーヒューズブレーカまたは過電流保護兼用型漏電ブレーカを用意し，溶接電源1台ごとに必ず1個設置する。なお溶接機を工事現場などの湿気が多い場所で使用する場合，あるいは鉄板や鉄骨部材などの上で使用する場合には，漏電ブレーカの設置が義務づけられている。またインバータ制御あるいはデジタル制御電源を使用する場合には，高周波漏洩電流による誤動作を防止するために，高周波・サージ対応型の漏電ブレーカを使用しなければならない。

　溶接電源に接続する入力ケーブルのサイズ（断面積）は，電源の銘板などに記載された定格入力電流の値に基づいて，$5A/mm^2$程度を目安としてケーブルのサイズを選定する。ただしケーブル長が長くなる場合には，電圧降下を防ぐために，通常より1〜2サイズ大きい断面積のものを使用しなければならない。

　万一の絶縁不良や漏電などに対応するために，溶接電源のケースを接地することも重要である。接地は，電気工事士有資格者が「電気設備技術基準」に従い，$14mm^2$以上のケーブルを用いて，D種接地工事を行わなければならない。

（c）出力側ケーブルの接続

　出力側ケーブルには大電流が通電されるため，JIS C 3404（溶接ケーブル）に規定されているキャプタイヤケーブルを使用することが望ましい。溶接電源の出力端子へのケーブル端子の接続は，ボルトの締付を十分にして，確実な通電が行えるようにしなければならない。電源の出力端子が露出している場合は，ケーブル端子接続後，テーピングなどによる絶縁が必要である。

　ケーブルのサイズ（断面積）が小さいと発熱が大きくなり，ケーブルを損傷したり感電したりするおそれがあるため，入力ケーブルと同様に$5A/mm^2$程度を目安として，定格出力電流の値に合致したサイズを選定しなければならない。

　溶接電源の出力端子と母材あるいはワイヤ送給装置との間を接続する溶接

ケーブルが短い場合には，特に問題となる現象は生じない。しかし実際の溶接施工では，広い作業範囲を確保するために溶接ケーブルを延長して溶接することも多く，その場合には溶接ケーブルの取扱いに起因した問題が発生する。

　溶接条件（溶接電流・出力電圧）の設定を，溶接ケーブル長5mで選定したままにして，長さ30mの溶接ケーブルを付加した溶接を行うと，**表5.1**に示すように，アーク電圧が低下してアークは不安定になる。このアーク不安定は，溶接ケーブルの電気抵抗増加に起因したものであるため，その電圧降下分を補正するために出力電圧の値を高くすると，適切なアーク電圧が得られ，良好なアーク状態を復元できる。

　溶接ケーブルの電気抵抗は，その断面積が小さい（細い）ものほど大きくなるため，ケーブル長が長くなるほど，断面積の大きいケーブルを使用しなければならない。ただし延長ケーブル長が同じ30mであっても，それをコイル状に丸めた状態で使用すると，溶接ケーブルはコイルとして作用するため，出力電圧を高く設定し直したとしてもても，適切なアーク状態は得られない。溶接ケーブルをコイル状に丸めたままで溶接することは厳禁であり，やむを得ず丸めて使用しなければならない場合には，8の字状に丸めるとアーク状態を安定化することができる。

表5.1　ケーブル状態の影響

溶接ケーブルの状態	基準条件	ケーブルによる電圧降下の影響	ケーブルによる電圧降下の補正	インダクタンスの影響
	ケーブル長：5m	ケーブル長：30m		
溶接電流	150A			
電圧　出力電圧	18V		20V	
電圧　アーク電圧	18V	16V以下	18V	16V以下
アーク起動	良好	不可	良好	不可
アーク状態	良好	不安定	良好	不安定

延長ケーブルを
丸めての使用は厳禁

延長ケーブルを
8の字に丸めると
アーク状態は安定化

78   第5章　溶接施工の基礎

（d）作業場所

　アークやスパッタは高温であり，アークの放射熱や飛散したスパッタによる火災や爆発を防止するために，ガソリン・ベンジン・シンナー・可燃性ガスなどの可燃性・爆発性危険物を溶接作業場所の近辺に置くことは厳禁である。また飛散したスパッタが油・紙・布・木片などの可燃物に当たる可能性がある場合には，それらを取り除くか，不燃性カバーで覆うなどの措置を講じなければならない。

　電源内部に粉塵などの金属異物が入ると，正常な動作が阻害され，故障の原因となるばかりでなく，焼損などの重大な損傷を引起す要因となる。溶接電源を粉塵や埃が多い場所で使用することは避けなければならない。

　溶融金属中に大気（空気）が混入すると，気孔（プローホールおよびピット）発生の大きい要因となる。したがって良好なガスシールド状態を確保するためには，横風などが溶接部へ直接当たることを避け，シールドガスによる溶融金属の保護を確実なものとしなければならない。風が当たることを避けられない場合には，衝立や防風テントなどの防風対策を施すことが必要である。

5.1.3　ガス容器の取扱い

　シールドガスは高圧で容器（ボンベ）に充填されており，ガス圧力調整器を取付けて減圧することが必要である。ガス圧力調整器の取付け前に，バルブを静かに開閉して少量のガスを大気中に放出し，ボンベ口金部のごみや埃を除去する。その時ガスが顔面に向かって噴出しないように，口金の向きに注意しなければならない。シールドガス容器の色は，充填されるガスの種類によって規定されている。またガスの誤使用を避けるために，ゴムホースの色も使用するガスの種類に応じて JIS K 6333 に規定されている。さらにガス容器・ボンベは，労働安全衛生規則で温度を 40℃ 以下に保たなければならないことも定められており，直射日光・火気を避けた風通しの良い場所に設置するとともに，ボンベ立てなど，容器の転倒・衝撃を避けるための措置を講じなければならない。

　容器・ボンベは，残圧が 0.3 ～ 0.5MPa 程度となった時点で使用を終え，バルブを完全に閉める。残圧が 0 になるまで使用したり，バルブを開いたままで放置したりすると，容器・ボンベ内に水分・空気が流入して，再充填時にシー

ルドガスの純度不良を招くこととなるため注意が必要である。

5.1.4 送給装置の取扱い

　送給ローラには，適切な加圧力の付与とワイヤの変形防止を目的として，VまたはU形の溝が設けられている。またこの溝にワイヤを確実に導くとともに，ワイヤの座屈を抑制するために，送給ローラへの入り口側にアウトレットガイド（単にガイドともいう）が設けられている。これら2つの部品はワイヤの送給性に極めて大きく影響するため，図5.3に示すように，送給ローラの溝とアウトレットガイドのセンターが一致していることを，3ヵ月に1回程度チェックし，もしずれが生じている場合にはアウトレットガイドを適切な位置に再調整しなければならない。また送給ローラの溝にはごみや埃が詰まりやすいため，溶接ワイヤ2～3コイルごとに1回程度，黄銅製のワイヤブラシでローラの溝を清掃することが望ましい。

　ワイヤ送給装置から異音が発生する場合には，ボルト・ナット類の緩み，あるいはモータや回転部の異常の有無などについての点検を実施し，必要な対策を講じなければならない。

　その他，溶接作業現場で時々見かけられる光景として，飛散したスパッタを浴びるような場所にワイヤ送給装置を置いていたり，作業性を確保するためにトーチでワイヤ送給装置を近くまで引き寄せたり，不安定な場所にワイヤ送給

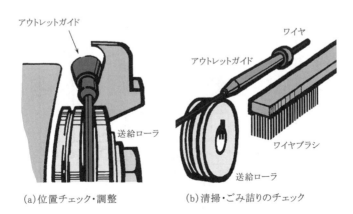

(a) 位置チェック・調整　　(b) 清掃・ごみ詰りのチェック

図5.3　ワイヤ送給装置の点検

装置を置いて落下や転倒を招いたりすることがある。これらの事項・動作は，ワイヤ送給装置が持つ本来の性能・特性を悪化させ，安定なアーク状態の維持に不可欠である均一なワイヤの供給を阻害する大きい要因となるため，決して行ってはならない。

5.1.5 トーチの取扱い

コンジット（トーチ）ケーブルの状態によってワイヤ送給に対する抵抗は大きく異なり，図5.4に示すように，ケーブルをS字形にしたり，丸めたりすると，送給抵抗は直線（ストレート）の場合の3倍程度にまで増加する。またケーブルを2回以上丸めると送給抵抗はさらに増大して，ワイヤの供給が断続的になったり，停止したりすることになる。安定なアーク状態を維持するためには，トーチケーブルをできるだけ直線に保つことを心がけ，やむを得ない場合にはトーチケーブルの曲率ができるだけ小さくなるようにしなければならない。

ワイヤはトーチ先端部のチップから給電されアークを発生させる電極となるが，チップの締付けが不足すると，トーチ本体からチップへの通電不良が生じ，ワイヤへの十分な給電が行えなくなる。チップはワイヤに給電する重要な部品であるため，トーチ本体への取付け時にはスパナや専用工具などを用いて確実に締付けなければならない。

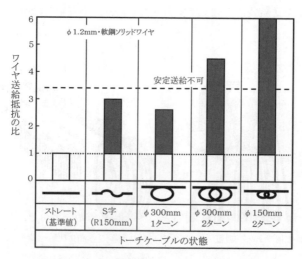

図5.4 ワイヤ送給に及ぼすトーチケーブル状態の影響

ライナーはトーチの根元部から3～6m先の先端部までワイヤを安定かつ均一に導くための重要部品であり，トーチケーブル内にこれが適切に装着されないと，ワイヤの送給抵抗が増加してアーク不安定を招く原因となる。極端な場合にはワイヤの座屈を引起すこともある。ライナーはワイヤの材質・径に応じたものを選定するとともに，その長さも適切に管理しなければならない。またライナー内部にワイヤの切粉などが詰まり，ワイヤの送給性悪化の一因となることもあるため，ドライ・エアを用いてライナーの内部を定期的に清掃することも必要である。

ノズルはガスシールドの最も重要な部品であるにも係らず，アーク発生点に極めて近い距離で使用される部品で，飛散したスパッタの付着は避けられない。ノズルに大量のスパッタが付着すると，**図5.5**に示すように，適切なシールドガスの流れは乱され，良好なガスシールド効果が得られなくなる。頻繁なスパッタ除去は作業性を阻害するため現実的ではないが，できるだけ高い頻度でノズルに付着したスパッタを除去することが望ましい。ノズルに付着したスパッタの除去は，専用の工具などを用いて，ノズル内面を極端に傷つけないようにしなければならない。ノズル内面に大きな傷がつくとガスの流れが乱れ，シールド性に悪影響を及ぼすこととなる。また作業台などにノズルを叩きつけてスパッタを除去する例も散見されるが，ノズルの変形を招いて良好なガスシールド性を阻害する要因となるため厳禁である。

オリフィスはガスシールド性を確保するために必要な部品の1つであるとともに，安全面においても重要な役割をもっている。オリフィスが適切に装着さ

スパッタ付着少　　　　　　　　　　　　　　　スパッタ付着多

図5.5　スパッタ付着の影響

れている場合は，図5.6 に示すように，飛散したスパッタがノズルの奥に堆積しても，絶縁物であるオリフィスがノズルをトーチ本体から絶縁し，ノズルが帯電することはない。しかしオリフィスを装着しないで使用すると，ノズルの奥に堆積したスパッタがトーチ本体とノズルを短絡して，ノズルが帯電する。この様な状態でノズルが母材に接触すると，スパークやアークが発生して，ノズルを損傷する恐れがある。オリフィスはセラミックス製の損傷しやすい部品であり，つい未装着で使用されることも多いが，ガスシールドの面でも，安全性の面でも必ず装着しなければならない。

ワイヤへの通電に用いるチップには，使用ワイヤ径に応じた真円孔が明けられている。しかし使用（アーク発生）時間の経過とともに，磨耗が孔の外周部で部分的に進展し，孔の形状は真円から楕円に変化する。チップからワイヤへの通電は，ワイヤがチップ孔の外周部へ接触することによって行われ，孔の磨耗（変形）がない状態ではワイヤが強く接触して確実な通電が可能である。しかし磨耗によってチップ孔が楕円に変形すると，ワイヤの接触は弱くなるため，通電は不確実なものとなる。通常，チップ孔はワイヤ径に対して 0.1 〜 0.2 mm 程度のクリアランスをもっている。クリアランスがこれより小さいとワイヤの送給不良が，大きいとワイヤへの通電不良が生じるためである。

チップの交換時期は溶接電流や作業内容などによって大きく異なり，一概に

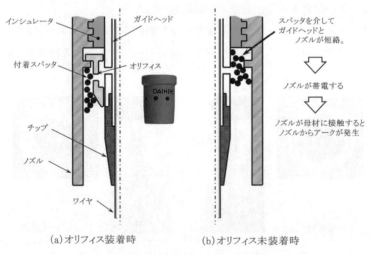

(a) オリフィス装着時　　(b) オリフィス未装着時

図5.6　スパッタによるノズルの帯電

決めることはできないが，チップ孔は片当りの影響で磨耗が一方向に進行して楕円形となりやすいため，**表5.2**に示すように，一般に楕円への変形度合いで判断することが多い。半自動溶接の場合は，孔の磨耗が0.5mm程度以上進行した場合，すなわち楕円の長径と短径の差（A－B）が0.5mm程度以上になった場合が標準的なチップ交換時期である。またロボット溶接などの場合は，チップ孔の変形は狙い位置のずれにも影響するため，（A－B）が0.3mm程度以上になった場合をチップ交換時期とすることが多い。しかしこれらの値はあくまでも目安であり，溶接条件や作業方法によっては該当しないこともある。

表5.2　チップ交換の目安

ワイヤ径 （φmm）	チップ穴径・D （φmm）	交換の目安・A（mm）	
		半自動溶接	ロボット溶接
0.8	0.90～0.95	1.3	1.1
1.0	1.10～1.05	1.6	1.4
1.2	1.30～1.35	1.8	1.6
1.4	1.50～1.60	2.0	1.8
1.6	1.75～1.85	2.2	2.0

5.1.6 保守・点検

溶接機の故障は，部品の不良，制御回路の不良あるいはケーブル類の断線など，種々の原因によって生じる。しかし，ヒューズの溶断，入／出力ケーブルの接続不良，ガスホースの変形，あるいは冷却水ホースの破損やつまりなど，単純な原因で発生することも比較的多い。

溶接機を安全かつ能率よく稼働させるためには，定期的な保守や点検を行うことが重要であり，毎日行う日常点検と3～6ヵ月ごとに行う定期点検に大別される。

日常点検の主な項目には

① 冷却扇は，円滑に動作するか？

② スイッチ類は，確実に動作するか？

③ 異常な振動，うなり，臭いなどはないか？
④ 接続部に，緩（ゆる）みや異常な発熱はないか？
⑤ 溶接ケーブルの被覆に，傷や損傷はないか？

などがある。また定期点検の項目としては

① 乾いた圧縮空気による，電源内部のほこり除去
② 電源電圧変動のチェック
③ 接続部の緩み，錆（さび）発生の有無についてのチェック
④ 溶接電源ケースの接地情況のチェック

などが挙げられる。なお保守・点検で電源ケースをはずす場合には，配電盤の開閉器ですべての入力を遮断した後，3分以上経過するのを待って，有資格者が作業するようにしなければならない。

5.2 溶接機の動作

5.2.1 シーケンス制御

マグ溶接では，シールドガスのプリフロー時間およびアフターフロー（ポストフロー）時間の有無，ワイヤスローダウン制御，クレータ制御の有無など，種々の制御モードを組合せて用いるが，その動作モードには図5.7に示す"自己保持なし"と"自己保持あり"の2種類がある。

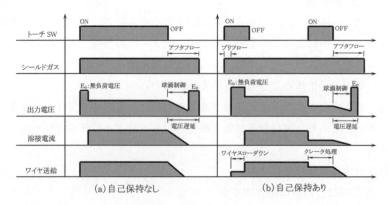

図5.7　動作シーケンス

"自己保持なし"の動作モード（a）では，トーチスイッチを ON にするとシールドガスが流れ始め，同時に無負荷電圧（E_0）が出力されるとともに，ワイヤの送給を開始する。ワイヤが母材に接触（短絡）すると電流が流れ始め，電圧は無負荷電圧から短絡電圧に変化し，アークが発生するとアーク電圧に変わる。トーチスイッチを ON にしている間は所定の溶接が行われ，トーチスイッチを OFF にするとワイヤ送給の停止指令が出される。ワイヤ送給モータは回転を停止しようとするが，モータは慣性で少しの間回転を続け，その速度および溶接電流は徐々に低下する。その時ワイヤが溶融池へスティックするのを防ぐために，アーク電圧もワイヤ送給に合わせて徐々に減少させてワイヤ先端に球滴を形成し，アークが消滅すると電圧は再び無負荷電圧へ移行する。無負荷電圧が発生してから所定の時間が経過すると，出力を停止させ，同時にシールドガスの供給も終了する。

"自己保持あり"の動作モード（b）では，トーチスイッチをＯＮにするとシールドガスが流れ始め，所定のプリフロー時間が経過すると，無負荷電圧が出力され，スローダウン速度でのワイヤ送給を開始する。ワイヤが母材に短絡して電流が流れ始めると，ワイヤ送給速度は所定の速度に切り替わり，アークが発生すると，電圧も無負荷電圧からアーク電圧に変化する。この時トーチスイッチを OFF にしてもアークの発生は継続して，溶接は続行される。次にトーチスイッチを再び ON にすると，溶接電流，ワイヤ送給速度およびアーク電圧がクレータ制御条件に切り替わる。トーチスイッチを ON にしている間はクレータ制御条件での溶接が継続し，OFF にすると自己保持なしの場合と同様の経過をたどって溶接を終了する。

5.2.2　一元制御

溶接電流とワイヤ溶融（送給）速度の間には，前掲図 2.18 に示したような関係がある。また適正アーク電圧は溶接電流によって決まり，その一例を示すと**図5.8** のようである。そこで溶接電流をパラメータとして，ワイヤ送給速度とアーク電圧が一義的に決定されるような制御を行うと，いずれの電流値においてもワイヤの供給速度と溶融速度がバランスして，常に安定なアーク状態が得られる。すなわち溶接電流の設定に応じて，ワイヤ送給速度と電圧設定値とを自動的に変化させることによって，いずれの溶接電流においても常に安定

第5章 溶接施工の基礎

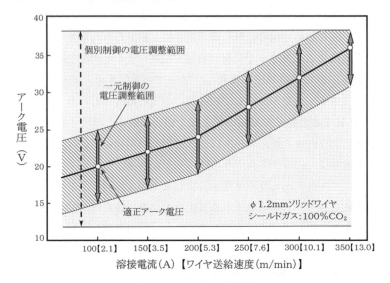

図5.8 一元制御と個別制御

なアーク状態が得られる。溶接条件設定に対する熟練度を軽減するために設けられたこのような機能が"一元制御"である。なお，作業状況などに応じて電圧調整ツマミを操作して電圧を変化させるが，一元制御での電圧調整は微調整（±数V程度）であり，大幅な電圧変化は行えないようになっている。大幅な電圧変化を行うことが必要な場合には，電流（ワイヤ送給速度）と電圧をそれぞれ独立に制御する"個別制御"のモードを使用しなければならない。

5.2.3 アークスポット溶接

"アークスポット溶接"とは，**図5.9**に示すように，重ね合せた板（母材）の表面でアークを発生し，トーチを移動させずに上部母材の表面から裏面まで貫通した溶融池を形成して，上下の母材を局部的に接合する方法である。アークスポット溶接専用の溶接トーチも開発されているが，通常はトーチのノズルをアークスポット用ノズルに交

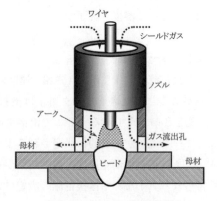

図5.9 アークスポット溶接

換して使用することが多い。アークスポットノズルの先端部には，シールドガスをスムーズに流出させるための切欠きが設けられている。

　アークスポット溶接は一種のプログラム制御であり，トーチスイッチを ON にするとシールドガスが流れ始め，所定のプリフロー時間が経過すると，無負荷電圧が印加されると同時にワイヤ送給が始まりアークが点弧する。アークの点弧を検出するとタイマが動作を開始し，アークスポット設定時間（アーク発生時間）中は設定値に基づく溶接が行われる。アークスポット設定時間が経過すると，球滴制御が行われアークは自動的に消滅し，所定のアフターフロー時間が経過した後シールドガスの供給も停止する。

　なお，アーク発生中にトーチスイッチを OFF するとアークも消滅するタイプと，トーチスイッチを OFF しても所定の設定時間が経過しないとアークが消滅しないタイプとがあるため，使用する溶接機はいずれのタイプかを事前に確認しておくことが必要である。

　アークスポット溶接では，母材と垂直になるようにトーチを保持し，ノズル先端が全周にわたって母材表面と均一に接触するように注意する。また，重ね合せ部を含めて母材の清浄に注意するのは通常の溶接と同様である。アークスポット溶接は薄板に適用されることが多いため，一般にはノズルを強く押付ける程度の加圧でよいが，十分な密着が得られない場合には継手形状に応じた締付ジグなどを用いて密着させることが必要である。アークスポット溶接結果の一例を**図5.10**に示す。

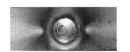
(a) 表面ビード

(b) 裏面ビード

(c) 断面マクロ

図5.10　アークスポット溶接結果の一例

5.3 開先の準備

5.3.1 開先形状

溶接継手の形状は，製品の用途や母材の材質・板厚などによってその形状が決められる。継手形状としては，**図5.11**に示すような突合せ継手，T継手，重ね継手，角継手およびへり継手などがあり，作業性や溶接品質を確保するために種々の開先形状が採用される。開先形状の加工にはガス切断が多用されているが，U開先，H開先およびJ開先は一般に機械加工でしか得られない。

開先の各部分には**図5.12**のような名称がつけられており，溶接前にこれらの値が適正な数値となっていることを確認しなければならない。開先角度，ルート面およびルート間隔は，適正値より大きくなっても小さくなっても溶接欠陥発生の原因となり，場合によっては溶接が行えないことにもなるため，必要に応じて適正値へ補正する処置を講じなければならない。目違いは少ないほど良好であり，大き過ぎる場合には許容値以下の値となるように修正しなければならない。

薄板の突合せ継手ではⅠ形開先，T継手ではすみ肉を採用することが多く，

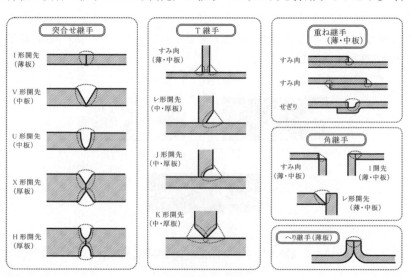

図5.11　主な継手形状

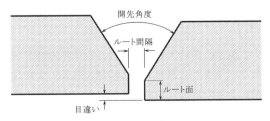

図5.12　開先各部の名称

開先形状は単純である。しかし中・厚板の場合に比べ、ルート間隔や目違いに対する余裕度は少ないため、かなり厳しい継手精度が要求される。

5.3.2　開先の清浄化

　開先面やその周辺に水分、油、さび、スケールあるいは塗料などが付着したままで溶接を行うと、気孔（ピット・ブローホールなど）や割れなどの溶接欠陥を生じる原因となるため、これらの汚れは溶接前に除去しなければならない。油類は布で拭き取っても完全になくなることはないため、アセトンなどの有機溶剤を用いて洗浄することが基本である。

　さびやスケールなどは、グラインダあるいはワイヤブラシなどを用いて除去する。母材がステンレス鋼の場合、鋼製のブラシを使用すると鉄粉が落下して腐食の原因になることもあるため、ブラシはステンレス鋼製とし、鋼製ブラシの使用は厳禁である。裏波ビードの溶接では、溶接する側の清掃ばかりではなく、裏波ビードが形成される裏面の清掃も忘れてはならない。

5.3.3　仮付（タック）溶接

　薄板の単純な溶接継手ではジグなどを利用して直接本溶接を行い、仮付（タック）溶接を省略することもあるが、一般的には溶接継手を組立てるために、本溶接に先立って開先内部や裏面あるいはすみ肉部に仮付溶接を施す。仮付溶接には、通常、100～130A程度の溶接電流が多用され、1つのビード長さが数10mm程度の断続溶接となる。そのため仮付溶接が不適切な場合、本溶接中に割れや目違い・ルート間隔の変化などが生じて、溶接欠陥を発生したり、製品の寸法・形状・精度・性能に大きく影響したりすることとなる。仮付

90   第5章　溶接施工の基礎

溶接といえども，本溶接と同様に十分な注意を払って慎重に施工しなければならない。

　仮付溶接が終了すると，割れや融合不良などの溶接欠陥がないか，過大な目違いはないか，あるいはルート間隔が適正に保たれているかなどを確認しなければならない。割れなどの溶接欠陥が生じているにも係わらず，そのままの状態で本溶接を行うと，溶接欠陥は本溶接後も残ることになる。仮付溶接で溶接欠陥が発生した場合には，グラインダなどを用いて溶接欠陥を完全に除去した後に，再び仮付溶接を行うようにしなければならない。目違いやルート間隔についても同様であり，許容範囲から外れた部分を適正値となるように補正して，その後再び仮付け溶接を行う。

5.4　溶接施工のポイント

5.4.1　溶接条件

　健全な溶接継手を得るには，適正な溶接条件の選定が最も重要である。溶接条件の選定次第で，溶接継手の品質のみでなく，溶接作業の経済性にも影響する。このような溶接条件の中で最も重要な因子は，溶接電流，アーク電圧および溶接速度の3因子である。

（1）溶接電流

　溶接電流は，溶込みとワイヤ溶融速度に大きく影響する因子で，一般に，溶接電流が増加するとワイヤ溶融量（溶着量）が増大し，ビード幅，溶込み深さおよび余盛高さは増加する傾向を示す（前掲図 2.19（a）参照）。

　またソリッドワイヤを用いた $100\%CO_2$ シールドのマグ溶接では，スパッタ発生量にも大きく関与する。ϕ 1.2 mm 軟鋼ワイヤの場合，スパッタ発生量は溶接電流の増加とともに増大し，$250 \sim 300$ A 程度の電流域で最も多くなる（前掲図 2.12 参照）。

（2）アーク電圧

　アーク電圧は，主にアーク長を決定する因子で，アークの安定性，スパッタ発生量ならびにビード形状と大きく関係する。アーク電圧を高くするとアーク長が長くなり，溶込みは減少してビード幅が増加し，余盛は低くなる。アーク

電圧を低くするとアーク長が短くなり，溶込みは増加するが，ビード幅が減少して余盛は高くなる（前掲図 2.19（b）参照）。

またアーク電圧を高くしてアーク長が長くなり過ぎると，大粒のスパッタが発生しやすくなる。反対にアーク電圧が低くなり過ぎるとワイヤを溶融するエネルギーが不足して，未溶融のワイヤが溶融池内に突込み，長時間の短絡とアーク切れを繰り返して溶接が不可能となる。

（3）溶接速度

溶接速度は，ビード形状（ビード幅，溶込み深さおよび余盛高さ）に関係する因子であり，溶接電流とアーク電圧を一定にして溶接速度を増加させると，ビード幅，溶込み深さおよび余盛高さはともに減少する傾向を示す（前掲図 2.19（c）参照）。

半自動溶接での溶接速度は比較的遅いため，溶接速度によるビード形状の極端な変化は少ない。しかし，溶接速度を極端に遅くすると溶融池がアークより先行し，著しいスパッタの発生や溶込み不足などを生じるため，過大な溶融池の形成は避けなければならない。

5.4.2　シールドガス流量

シールドガスの役割は，アークや溶融池を覆って，大気（空気）中の窒素や酸素のアーク雰囲気や溶融金属中への侵入を防ぐことである。そのため，シールドガスの流量が少な過ぎるとブローホール（後述 5.6.1 項参照）が多発するようになり，アークが不安定になることもある。しかし，シールドガス流量を多くすれば必ずしもシールド性が良くなるというわけでもない。

シールドガスの流れを直接観察することはできないが，特殊な装置（シュリーレン装置）を用いてその流れを観察すると**表5.3** のようである。ノズル近傍のガス流出幅がほとんど変化しない領域が層流域で，外周部の空気を巻き込まない良好なシールド性が得られる領域である。ガス流出幅が拡がり煙のように見える領域が乱流域で，外周部の空気を巻き込みやすく，良好なシールド性が得られない領域である。

この表から分かるように，ノズル内径が小さいほど，ガス流量が少ないほど，層流域が長くなり良好なシールド性が得られる。しかし，溶接電流が大きくなると溶融池やビードの幅が大きくなるため，内径の小さいノズルでは十分な範

92　第5章　溶接施工の基礎

表5.3　シールドガスの流出形態

ノズルの種類	シールドガス流量			
	10ℓ/min	15ℓ/min	20ℓ/min	25ℓ/min
テーパーノズル (先端内径:φ13mm)				
ストレートノズル (先端内径:φ16mm)	ノズル 層流域(シールド良好) 乱流域(シールド不良)			
ダイバージェントノズル (先端内径:φ19mm)				

囲を被包するすることができないため，内径の大きいノズルを使用しなければ
ならない。またガス流量が少ないとシールドガスの硬直性が弱くなり，ガス流
のふらつきが発生してシールド性は劣化するため，ガス流量をむやみに少なく
することは好ましくない。

　シールドガス流量の目安は［ノズル径（φmm）＋0～5］（ℓ/min）程度で
あるが，通常は流量を15～25ℓ/min程度にする。またノズル径の目安とし
ては，一般に，溶接電流100A以下の場合はφ12～13mm（テーパーノズル），
100～250Aの場合はφ16mm（ストレートノズル），250A以上の場合はφ
19～20mm（ダイバージェントノズル）と考えてよい。

5.4.3　トーチの操作

（1）トーチ角度

　良好なビードを得るためには，溶接電流，アーク電圧及び溶接速度を適切に
選定することはもちろんのこと，トーチ角度とねらい位置の設定を適正にす
ることも重要である。トーチ角度は，通常**図5.13**に示すように，溶接進行方
向と反対にトーチを傾ける前進溶接を採用し，垂線に対する傾き角（前進角）
を10～15°に設定する。この様にすると，シールドガスへの空気巻き込みを
抑制して安定なアークが得られるとともに，アークや溶融池の観測が容易で，
良好なビードが得られやすい。前進角が大きくなり過ぎるとシールド効果が劣

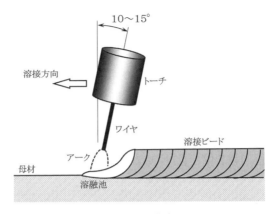

図5.13 前進法

化し,すみ肉溶接などでは凹形ビードとなったりアンダカットが発生したりする。また溶接進行方向にトーチを傾ける後進溶接では凸形ビードとなって,良好なビード形状が得られない(前述 2.4.4 項参照)。

(2) ワイヤ突出し長さ

ワイヤ突出し長さは,**図5.14**に示すように,チップの先端からアーク発生点までの距離のことである。しかしチップと母材との接触防止を考慮して,チップ先端はノズルから3mm程度内側に入っている。そのため,ノズル先端

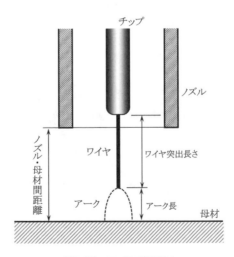

図5.14 ワイヤ突出長さ

と母材との間の距離（ノズル-母材間距離）をワイヤ突出し長さの目安として用いることが多い。

ワイヤ突出し長さは，シールド効果を考えるとできるだけ短くすることが望ましい。しかし短くすると，ノズルへのスパッタ付着量の増加，あるいはアークや溶融池の観測が困難になるなどの不都合が生じる。ワイヤ突出し長さの適正値はワイヤ径や電流値などによって変化し，ワイヤ径が太くなるほど，溶接電流が大きくなるほど長くなる。ワイヤ突出し長さの適正値は，「ワイヤ径の10倍 + a（mm）」が目安とされているが，一般に，10〜25mm 程度とすることが多い。

定電圧特性の溶接電源を用いるマグ溶接では，溶接電流（ワイヤ送給速度）の設定つまみを一定に保ち，ワイヤ突出し長さを変化させると溶接電流が変化する。ワイヤ突出し長さを長くすると溶接電流は減少して，溶込みは浅くなるが，ワイヤの溶融量は変わらないため，ビード幅は狭く余盛が高くなる傾向を示す（前述 2.4.3 項参照）。

(3) ねらい位置

水平すみ肉溶接では，溶接線方向のトーチ角度を 10〜15° の前進角とするのはもちろんのこと，溶接線直角方向のトーチ角度も重要な要素である。通常は，**図5.15** に示すように，垂直板からの角度を 35〜45° として溶接する。薄板の溶接や小電流溶接では垂直板と水平板の交点をねらって溶接するが，中・厚板の溶接や中・大電流溶接では，ねらい位置を水平板から 1〜2mm（ワイ

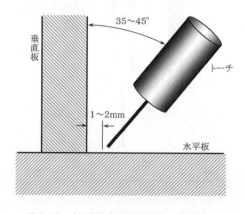

図5.15　中・厚板水平隅肉溶接の狙い位置

ヤ径の1.5～2倍)程度ずらした位置に設定する。ねらい位置を垂直板と水平板の交点にすると，ビードの垂れ下がりやアンダカットが発生しやすくなるためである。

(4) ウィービング

ウィービングとは，トーチ(アーク)を左右または前後に一定のパターンで周期的かつ規則的に揺動させるトーチ操作のことであり，ビード形状を整えるとともに，溶込みを確保するために用いられる。また，幅が広い溶接ビードを得るために開先内の溶接や大脚長のすみ肉溶接などにも用いられる。

アークを揺動させることによって母材への入熱は周辺部まで分散し，母材とビードとのなじみが改善されて，開先面やビード止端部などで生じやすい溶接欠陥の発生を抑制できる。また立向溶接や横向溶接などの場合，一度に多量の溶融池を作ると，重力の影響で溶融池金属の垂れ落ちを生じやすいが，ウィービングによって幅広で厚さが薄い溶融池を形成して，溶融池金属の凝固を早めることによってその垂れ落ちを防止するといった効果もある。

アーク溶接に用いられるウィービングのパターンには多数あるが，マグ溶接で多用されるパターンは，図5.16に示す，左右ウィービング，前後ウィービング，円弧ウィービングおよび三角ウィービングである。左右ウィービングは最も多用されているウィービング方法であり，ウィービング幅をそれほど広くする必要がない場合などで用いられることが多い。前後ウィービングは，1パスでの溶着量を多くしたい場合に用いられるウィービング方法である。円

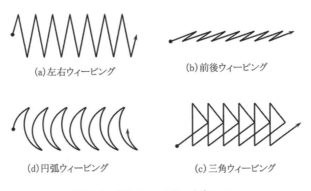

図5.16　主なウィービングパターン

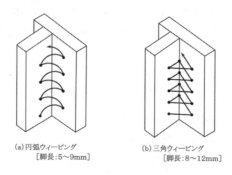

(a) 円弧ウィービング
[脚長:5〜9mm]

(b) 三角ウィービング
[脚長:8〜12mm]

図5.17　立向上進隅肉溶接におけるウィービング

弧ウィービングは，広いウィービング幅が必要な場合に用いられることが多く，さらに広いビード幅が必要な場合には三角ウィービングが採用される。図5.17に，立向すみ肉溶接における円弧ウィービングおよび三角ウィービングの例を示す。なお左右ウィービング，円弧ウィービングおよび三角ウィービングでは，中央部での移動速度をやや速くし，両端部では移動を短時間停止して，アンダカットや溶込み不良の発生を防止する。

　ウィービングで最も注意しなければならないことは，ウィービング幅を大きくし過ぎないようにすることである。ウィービング幅が大きくなると溶融池の幅も大きくなるため，シールド効果が不十分となってブローホールやピットなどの溶接欠陥を生じやすくなる。一般に，ウィービング幅は使用するノズル径程度が限界とされており，それ以上のビード幅が必要な場合は振分け溶接にしなければならない。

5.4.4　溶接姿勢への対応
（1）下向溶接

　下向溶接は溶接線がほぼ水平で，他の溶接姿勢に比べ最も容易に作業を行うことができる。また溶接線の監視も比較的容易で，良好な溶接品質が得られやすい。中・厚板では重力による溶融池金属の垂れ落ちを考慮する必要がなく，大きい溶融池が形成される大電流での溶接あるいは低速度での溶接も可能で，溶着効率が良い経済的な溶接ができる。溶接ジグなどを工夫して，できるだけ下向溶接を採用することが望ましい。

(2) 立向溶接

立向溶接は溶接線がほぼ鉛直な継手を溶接する方法で，下方から上方に向かう立向上進溶接と，上方から下方に向かう立向下進溶接とがある。

立向上進溶接では，重力の影響を受けて溶融池金属が溶融池後方に垂れ下がり，アークが溶融池より先行しやすいため，溶接速度を下向溶接の場合よりやや遅くして溶接する。トーチ角度は，**図5.18**(a)に示すように，5～10°程度の前進角とする。溶込みが深く，ビードは凸となりやすいが，溶融池金属の垂れ下がりに注意すれば作業性は比較的良好である。

立向下進溶接ではアークより溶融池のほうが先行しやすいため，図5.18(b)に示すように，トーチ角度を5～10°程度の後進角とし，溶融池金属の垂れ下がりを防ぎながら溶接する。溶融池が大きくなると溶融池金属の垂れ落ちが生じやすくなるため，溶接電流は比較的小さく，溶接速度は比較的速くしなければならない。ビードは扁平で溶込みが浅く，裏波ビードの表面は凹形になりやすい。

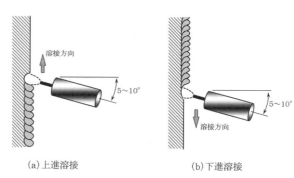

(a) 上進溶接　　　　(b) 下進溶接

図5.18　立向溶接

(3) 横向溶接

横向溶接はほぼ水平な継手を横方向から溶接する方法で，溶融池の上部が垂れ下がり，ビード上部が凹，下部が凸のビード形状（ハンギングビード）となりやすい。一般にトーチは，**図5.19**に示すように，水平（母材から90°）にして，5～10°の前進角

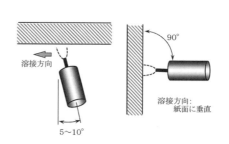

図5.19　横向溶接

で，溶融池金属の垂れ下がりを抑えながら溶接する。下向溶接のように大きい溶融池を形成することはできないが，溶接作業性は比較的良好である。

(4) 上向溶接

上向溶接では，表面張力で溶融池金属を保持してビードを形成しなければならない。そのため，溶融池が大きくなり過ぎると重力の作用も大きくなり，表面張力で溶融池金属を支えきれ

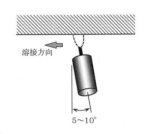

図5.20 上向溶接

なくなって，溶融池金属の落下が生じる。**図5.20**に示すように5～10°の前進角を設け，溶接電流は小さめで，溶接速度をやや遅くして，溶融池がアークより多少先行するようにして溶接する。溶込みは浅くビードはやや凸形で，裏波ビードは立向下進溶接と同様に凹形となりやすい。上向溶接は無理な姿勢での作業が多く，溶接作業性は極めて悪いためできるだけ避けるようにしたほうが良い。

5.5 溶接技術検定

良好な品質の溶接継手を得るためには溶接作業者の技能（技量）が最も重要な因子の1つとなるため，材質，溶接法，溶接姿勢および板厚などに応じた溶接技術検定試験方法および判定基準がJISに定められている。また溶接技能者の認証を受けるために必要な評価試験は，そのJISに基づいて資格を認証するために必要な事項を規定したWES（日本溶接協会規格）に則って実施される。

評価試験の合格者には適格性証明書（資格所有の証明書）が与えられ，重要構造物の製作などではこの有資格者が溶接に従事することを義務付けている場合が多い。資格および適格性証明書の有効期間は登録日から1年間であり，有効期間の延長を希望する場合は，有効期間終了前にサーベイランス（引き続いて業務に従事していることを確認する審査）を受けなければならない。サーベイランスの結果が良好な場合は，資格および適格性証明書の有効期間がさらに1年間延長されるが，このサーベイランスによる延長は2回が限度であり，資

格取得から3年間経過後も資格を継続する場合には，有効期間が終了する8～2ヵ月前に実技試験による資格の再評価受け，この再評価試験に合格しなければならない。

半自動溶接に関する技術検定試験は，「JIS Z3841：半自動溶接技術検定における試験方法及び判定基準」に試験方法とその結果の判定基準が，またそれに基づいて資格を認証するために必要な事項が「WES 8241：半自動溶接技能者の資格認証基準」に定められている。

資格は基本級と専門級に分かれており，基本級は下向溶接のみ，専門級は立向，横向，上向および水平・鉛直固定管の各姿勢溶接である。炭素鋼のマグ溶接に関する資格は**表5.4**のようであり，基本級は裏当金なしの突合せ溶接のみ

表5.4 半自動溶接技能者資格の区分（マグ溶接）

資格の級別	資格の種類記号	溶接姿勢	溶接材料の種類、厚さ区分	溶接継手の区分	開先形状	裏当て金
基本級	SN-1F	下向	薄板/炭素鋼板	板の突合せ溶接	I形又はV形	なし
専門級	SN-1V	立向	薄板/炭素鋼板	板の突合せ溶接	I形又はV形	なし
	SN-1H	横向	薄板/炭素鋼板	板の突合せ溶接	I形又はV形	なし
	SN-1O	上向	薄板/炭素鋼板	板の突合せ溶接	I形又はV形	なし
	SN-1P	水平・鉛直固定	薄肉管/炭素鋼管	管の突合せ溶接	I形又はV形	なし
基本級	SA-2F	下向	中板/炭素鋼板	板の突合せ溶接	V形（レ形も可）	あり
専門級	SA-2V	立向	中板/炭素鋼板	板の突合せ溶接	V形（レ形も可）	あり
	SA-2H	横向	中板/炭素鋼板	板の突合せ溶接	V形（レ形も可）	あり
	SA-2O	上向	中板/炭素鋼板	板の突合せ溶接	V形（レ形も可）	あり
	SA-2P	水平・鉛直固定	中肉管/炭素鋼管	管の突合せ溶接	V形（レ形も可）	あり
基本級	SN-2F	下向	中板/炭素鋼板	板の突合せ溶接	V形（レ形も可）	なし
専門級	SN-2V	立向	中板/炭素鋼板	板の突合せ溶接	V形（レ形も可）	なし
	SN-2H	横向	中板/炭素鋼板	板の突合せ溶接	V形（レ形も可）	なし
	SN-2O	上向	中板/炭素鋼板	板の突合せ溶接	V形（レ形も可）	なし
	SN-2P	水平・鉛直固定	中肉管/炭素鋼管	管の突合せ溶接	V形（レ形も可）	なし
基本級	SA-3F	下向	厚板/炭素鋼板	板の突合せ溶接	V形（レ形も可）	あり
専門級	SA-3V	立向	厚板/炭素鋼板	板の突合せ溶接	V形（レ形も可）	あり
	SA-3H	横向	厚板/炭素鋼板	板の突合せ溶接	V形（レ形も可）	あり
	SA-3O	上向	厚板/炭素鋼板	板の突合せ溶接	V形（レ形も可）	あり
	SA-3P	水平・鉛直固定	厚肉管/炭素鋼管	管の突合せ溶接	V形（レ形も可）	あり
基本級	SN-3F	下向	厚板/炭素鋼板	板の突合せ溶接	V形（レ形も可）	なし
専門級	SN-3V	立向	厚板/炭素鋼板	板の突合せ溶接	V形（レ形も可）	なし
	SN-3H	横向	厚板/炭素鋼板	板の突合せ溶接	V形（レ形も可）	なし
	SN-3O	上向	厚板/炭素鋼板	板の突合せ溶接	V形（レ形も可）	なし
	SN-3P	水平・鉛直固定	厚肉管/炭素鋼管	管の突合せ溶接	V形（レ形も可）	なし

100　第5章　溶接施工の基礎

であるが，専門級には裏当金なしとありの突合せ溶接がある。なお専門級の資
格取得には基本級の資格保有が必須であり，専門級のみの資格保有は認められ
ない。

　その他，マグ溶接に関する半自動溶接技能者資格には**表5.5**に示す「組合せ
溶接」，**表5.6**に示す「ステンレス鋼溶接」の資格がある。組合せ溶接とは，初
～3層程度（積層厚6mm以下）をティグ溶接した後，マグ溶接で最終層まで
積層する溶接法である。

　マグ溶接の検定試験に用いる試験材料の形状（炭素鋼板の場合）は**図5.21**
（a）のようであり，厚さ区分によって薄板，中板および厚板の3種類に分かれ
る。試験結果の評価は外観試験と曲げ試験によって行われ，図5.21（b）に示
すように，薄板および中板では表曲げと裏曲げが，厚板では裏曲げと側曲げ（2
枚）が行われる。

表5.5　半自動溶接技能者資格の区分（組合せ溶接）

資格の級別	資格の種類記号	溶接姿勢	溶接材料の種類、厚さ区分	溶接継手の区分	開先形状	裏当て金
基本級	SC-2F	下向	中板/炭素鋼板	板の突合せ溶接	V形（レ形も可）	なし
専門級	SC-2V	立向	中板/炭素鋼板	板の突合せ溶接		
専門級	SC-2H	横向	中板/炭素鋼板	板の突合せ溶接		
専門級	SC-2O	上向	中板/炭素鋼板	板の突合せ溶接		
専門級	SC-2P	水平・鉛直固定	中肉管/炭素鋼管	管の突合せ溶接		
基本級	SC-3F	下向	厚板/炭素鋼板	板の突合せ溶接		
専門級	SC-3V	立向	厚板/炭素鋼板	板の突合せ溶接		
専門級	SC-3H	横向	厚板/炭素鋼板	板の突合せ溶接		
専門級	SC-3O	上向	厚板/炭素鋼板	板の突合せ溶接		
専門級	SC-3P	水平・鉛直固定	厚肉管/炭素鋼管	管の突合せ溶接		

表5.6　半自動溶接技能者資格の区分（ステンレス鋼溶接）

資格の級別	資格の種類記号	溶接姿勢	溶接材料の種類、厚さ区分	溶接継手の区分	開先形状	裏当て金
基本級	MN-F	下向	中板/ステンレス鋼板	板の突合せ溶接	V形（レ形も可）	なし
専門級	MN-V	立向	中板/ステンレス鋼板	板の突合せ溶接		なし
専門級	MN-H	横向	中板/ステンレス鋼板	板の突合せ溶接		なし
基本級	MA-F	下向	中板/ステンレス鋼板	板の突合せ溶接		あり
専門級	MA-V	立向	中板/ステンレス鋼板	板の突合せ溶接		あり
専門級	MA-H	横向	中板/ステンレス鋼板	板の突合せ溶接		あり

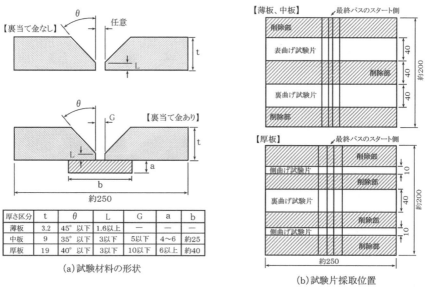

図5.21 試験材料の形状と試験片採取位置

5.6 溶接不完全部の種類とその防止対策

　JIS Z 3001-4（溶接用語‐第4部：溶接不完全部）では，理想的な溶接部からの逸脱を"溶接不完全部"，許容されない溶接不完全部を"溶接欠陥"と定義しており，溶接欠陥は必ず補修が必要なものを意味する。

5.6.1　ピット・ブローホール

　溶融金属中に侵入したガスは溶融池内を浮上して大気中に放出されるが，凝固前に浮上しきれなかったガスは溶融金属内に閉じ込められて空洞を形成する。この空洞を気孔（ポロシティ）と言い，その代表的なものがピットとブローホールである。**図5.22**に示すように，ビード表面に開口部をもつものが"ピット"，内部に閉じ込められたものが"ブローホール"であり，マグ溶接で最も発生しやすい欠陥の1つである。ピットやブローホールの要因となるガスは，主にN_2，O_2およびH_2であるが，場合によってはシールドガスとして用いら

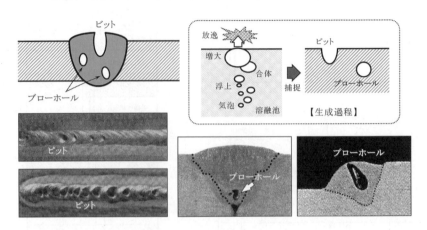

図5.22　ピット・ブローホール

れる Ar が原因となることもある。

ピットやブローホールを防止するには，
① 開先部およびその周辺部の汚れ，さび，水分などを除去し，清浄の維持に留意する。
② シールドガス流量，防風対策，ノズルの清掃などに留意して，シールド不良による大気（空気）の巻込みを防止する。
③ アーク長を必要以上に長くしない。
④ ワイヤに付着した水分も気孔の原因となるため，その乾燥にも注意する。
などが重要な事項である。

5.6.2 割れ

割れが生じると継手性能は大きく劣化するため，割れは溶接欠陥の中で最も注意しなければならない欠陥である。割れは溶接部が凝固あるいは冷却する際に発生するが，その発生温度によって"低温割れ"と"高温割れ"に大別され，その発生機構はまったく異なる。

低温割れは，溶接部に進入した水素，溶接金属や熱影響部の硬化および継手の拘束度（応力）の3つの要因が重なって生じ，一般に溶接部の温度が300℃以下まで冷却された後に発生する。溶接部に侵入した水素は，その内部を移動

（拡散）して応力集中部に集積され，内部圧力が所定値を超えると割れが発生して水素を大気中へ放出する。材質その他の条件にもよるが，割れ発生に必要な水素の集積に時間を要して，溶接後数時間〜数日を経過した後に割れを発生することもあるため"遅れ割れ"とも呼ばれる。低温割れの代表例を示すと**図5.23**のようであり，発生する位置や形態によってルート割れ，トウ（止端）割れ，ビード下割れ，ヒールクラックなどの名称が付けられている。

低温割れを防止するには，
① 溶接部に侵入する水素源を極力低減するために，開先やその近傍に付着した油脂類・さび・結露による水滴などを十分に除去する。
② 溶接部に侵入した水素の放出を促進するために予熱を行い，溶接部の冷却速度を適正化する。
③ 過大な拘束力の発生や急激な冷却による金属組織の硬化を避けるために，開先形状・溶接条件・溶接ジグ・裏当材などを適切に選定する。

などに留意することが必要である。

高温割れは，溶接中または溶接部が高温（凝固温度範囲またはその直下）に保持されている間に発生し，溶融金属が凝固する際に生じることから"凝固割れ"と呼ばれることもある。溶融金属の凝固は溶融池の外周部から中央部に向

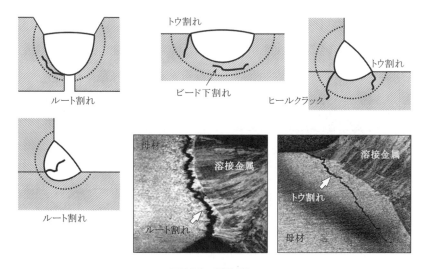

図5.23　低温割れ

かって進行するため，凝固が完了する直前には少量の溶融金属が溶融池の中央部やその周辺の結晶粒界にフィルム状で残る。そこに熱変形にともなう応力などが加えられると，少量で薄いフィルム状の溶融金属は変形に耐えられずに開口して割れが発生する。高温割れには溶接部の化学組成や不純物の介在などが大きく関係するため，上述した凝固割れ以外に，熱影響部や再熱部の低融点介在物が液化して高温割れを生じることもある。高温割れの代表例を示すと**図5.24**のようであり，発生形態によって梨形ビード割れ，ビード縦割れおよびクレータ割れなどに分類される。

高温割れを防止するには，

① 溶込み深さがビード幅以上になると割れやすくなるため，溶込み深さがビード幅以上とならないように（ビード幅≧溶込み深さとなるように）開先形状や溶接条件を選定する。

② 母材や溶加材の不純物であるりん（P）や硫黄（S）が多いと割れが発生しやすいため，不純物が極力少ない材料を用いる。また母材に適した溶加材を選定する。

③ クレータ部では溶接電流のクレータ制御などを活用して，適切なクレータ処理を行う。

などが主な注意事項である。

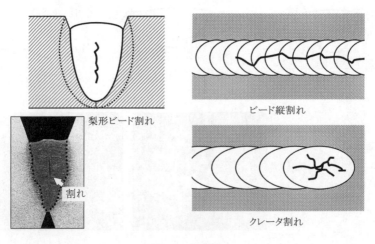

図5.24　高温割れ

5.6.3　融合不良

溶接金属と母材あるいは多層溶接での各パスの溶着金属の間が，**図5.25**のように，融合していない状態を"融合不良"という。ステンレス鋼の溶接ではビード表面に高融点の酸化物が生成しやすく，次層溶接時に溶融池が先行してその上にアークが発生すると，ビード表面の高融点酸化物は溶融されず融合不良が発生する。

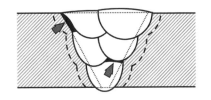

図5.25　融合不良

融合不良を防止するには，
① 開先面やビード表面の清掃を十分に行い，酸化物などは完全に除去する。
② 十分な溶込み深さと適切な溶込み形状が得られる溶接条件を選定し，特に，前層ビード止端部を完全に溶融するようなトーチ操作を行う。
などが主な留意点である。

5.6.4　溶込み不良

ルート面や開先の一部が溶融されないで残った**図5.26**のような状態を"溶込み不良"といい，開先角度が小さい場合やルート面が大き過ぎる場合などに発生しやすい。

溶込み不良を防止するには，
① 開先の形状や寸法を適切に選定し，開先角度が小さく，ルート面が大きくなり過ぎないようにする。
② アーク長はできるだけ短くし，アークの拡がりを抑制して集中したアーク状態を維持する。

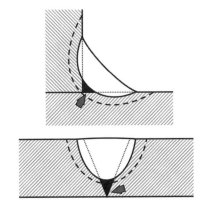

図5.26　溶込み不良

③ 溶接電流を大きくする，溶接速度を遅くするなど，溶接入熱が母材へ十分加えられるような溶接条件を選定する。

などが重要である。

5.6.5 アンダカット・オーバラップ

ビード止端近傍の母材が溶融され過ぎ，その溶融幅がビード幅より広くなって，ビード止端部に生じた**図5.27**のような溝状の凹みを"アンダカット"といい，水平すみ肉溶接ビードの立板側止端部や高速溶接などで発生しやすい。鋭いあるいは著しいアンダカットは疲労強度を大幅に低下させるため，特に高張力鋼の溶接や薄板の溶接などではその発生を極力防止しなければならない。

アンダカットを防止するには，
① 溶接電流を必要以上に大きくしない。
② 作業能率を向上させるために，むやみに溶接速度を速くしない。
③ アーク長，トーチ角度およびねらい位置を適正に維持する。
などに注意することが必要である。

"オーバラップ"は，**図5.28**に示すように，ビード止端近傍の母材が溶融されず，その溶融幅がビード幅より狭くなって溶融金属が母材上に乗上げた状態のことであり，上記アンダカットとは全く逆の現象である。溶接電流が小さくかつ溶接速度が遅過ぎる場合などで発生しやすい。

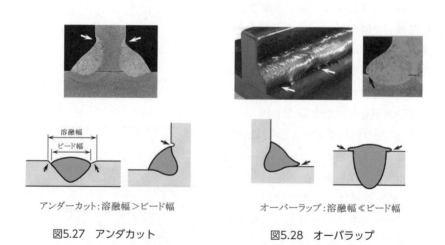

図5.27　アンダカット　　　　　　　図5.28　オーバラップ

5.6.6 ビード不整

溶接ビードの表面形状や外観が許容範囲を外れていることを"ビード不整"といい，図5.29に示すようなビードの蛇行，不連続ビードならびにハンピングビードなどがその代表例である。

ビードの蛇行はアークの硬直性に欠ける極小電流で溶接を行う場合や比較的小電流でアーク長を長くし過ぎた場合に発生しやすい現象，不連続ビードは溶接電流に比べ溶接速度が速過ぎたりアーク長が長過ぎたりした場合に発生しやすい現象，ハンピングビードは上述したアンダカットがさらに進んだ状態で，溶融池金属が溶接速度に追随できなくなって生じる現象である。

(a)ビードの蛇行

(b)不連続ビード

(c)ハンピングビード

図5.29 ビード不整

5.6.7 溶接変形

溶接部およびその周辺部は溶接入熱によって膨張あるいは収縮し，溶接終了後に図5.30に示すような"溶接変形"を生じる。溶接変形には種々な形態があり，一般に，溶接線直角方向に生じる横収縮，溶接線方向に生じる縦収縮，溶接線に沿って折れ曲がる角変形，溶接線方向に曲がる縦曲がり変形，溶接の進行とともにルート間隔が狭まるあるいは拡がる回転（面内）変形，および薄板の溶接で母材が波打ったようになる座屈変形に大別される。

溶接変形は製品の仕上り精度を低下させ，商品価値を損い，構造物などでは強度や剛性を劣化させるため，その発生は最小限にとどめなければならない。溶接変形を抑制するためには，

① 溶接によって生じる変形や収縮を予測して，必要な逆ひずみや縮み代を予め与える。

② 溶接入熱の総量をできるだけ小さくするために，断面積が小さい開先形

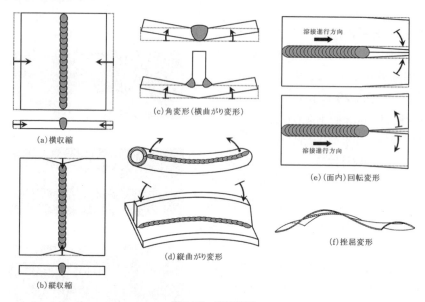

図5.30 溶接変形

状を選定する。開先形状はV開先よりX形・H形開先のほうがよい。またルート間隔は小さいほうが良い。

③ 部材精度を高め，開先形状を事前チェックするとともに，組立ジグなどを活用してルート間隔の不均一や目違いが極力少なくなるようにする。

④ 溶接変形ができるだけ少なくなるように，溶接順序を工夫する。

などの対策が有効である。

5.7 溶接部の非破壊試験

品質管理の一手段として，溶接部を傷つけることなく，その健全性を調べるために行われる試験が非破壊試験である。代表的なものを示すと**図5.31**のようであり，表面欠陥を検出する外観試験（目視試験），磁粉探傷試験および浸透探傷試験と，内部欠陥を検出する放射線透過試験および超音波探傷試験に大別される。しかし，それぞれの非破壊試験方法には長所および短所があり，1つの試験方法ですべての欠陥が検出されるとは限らないため，必要に応じて複

数の試験方法を組合わせて検出すべき欠陥を見落とさないようにしなければならない。

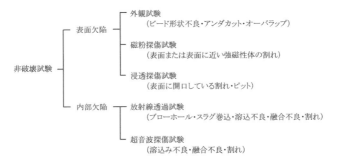

図5.31 主な非破壊試験の種類

5.7.1 外観検査(VT:Visual Testing)

　外観試験は特別な機器を必要とせず，いつでも・どこででも実施可能で，結果を迅速に把握することができる。しかし寸法測定以外は数値化が困難なものを取り扱うため，試験技術者の知識と経験が要求される。

　外観試験の目的は，表面に発生した不完全部を評価することであり，目視によって溶接欠陥を検出する試験と寸法計測によって不具合を検出する試験に分類される。前者には割れ，アンダカット，オーバラップ，ピット，クレータ，スパッタなどの確認があり，後者には目違い（くい違い），余盛高さ，アンダカット，ビード表面の凹凸，角変形などの寸法測定があり，それぞれの計測に適したゲージを用いて行う。なお，外観試験ではルーペや照明を使用しても良いことになっている。

　外観試験の判定基準は構造物の種類，使用目的，使用条件および環境などによって異なるが，溶接の性格から，完全に平滑で無傷の外観は不可能なため，通常の使用性能に基づく品質管理を考慮に入れた判定基準を設定することが必要である。通常は，資格および能力のある溶接技能者が正規の作業を行えば達成できる程度のものとしている。外観試験の試験項目と判定基準の一例を示すと表5.7のようであり，疲労き裂の恐れがある場合や衝撃荷重が加わる場合にはAに近い分類が，静荷重でぜい性破壊の恐れがない場合にはDに近い分類が用いられる。

110 第5章 溶接施工の基礎

表5.7 外観試験の基準値例

試験項目	分類				記事
	A	B	C	D	
目違い	板厚/20以下	板厚/16以下	板厚/6以下	板厚/4以下	再組立、再検査
余盛高さ	仕上げ	1+0.05B 以下	1+0.15B 以下	1+0.25B 以下	B:溶接金属幅
アンダカット	不可	0.3mm以下	0.5mm以下	0.8mm以下	
オーバラップ					あってはならない
ショートビード	100mm以上	80mm以上	50mm以上	規定せず	1パスビードに適用 （軟鋼には適用しない）
ビード表面の凹凸	仕上げ	1mm以下	2mm以下	3mm以下	ビード長25mm範囲
表面ピット	不可	不可	3個以下/1m	可	1mm以下のピットは 3個で1個と数える
角変形	5mm以下	10mm以下	20mm以下	30mm以下	ビードを挟んで 1,000mmでの変形量
スパッタ アークストライク					あってはならない

5.7.2 磁粉探傷試験（MT：Magnetic Particle Test）

目視による外観試験では，比較的大きく開口している母材表面の欠陥は発見することができても，内部の欠陥や微小な表面欠陥は検出することができない。溶接部の微小な表面欠陥の検出に用いられる試験方法が磁粉探傷試験および浸透探傷試験である。

試験体を磁化すると，割れのような傷がある部分の磁束は，抵抗が大きいその箇所を迂回しようとして漏れ磁束が発生する。試験体表面に鉄粉などの磁粉を均一に薄く散布した後にそれを磁化すると，**図5.32** のように，磁粉は漏れ磁束が発生している箇所へ集中的に吸い寄せられるため，傷（欠陥）の発生位置を検出することができる。このような試験方法を磁粉探傷試験といい，試験体表面の色や明るさと強いコントラストをもつ磁粉を用いることによって，肉眼では識別できない微小な傷も検出することが可能となる。ただし試験体は鉄鋼材料などの強磁性体に限られ，オーステナイト系ステンレス鋼やアルミニウム合金など，磁化しない材料（非磁性体）には適用することができない。また，磁粉探傷試験は試験体表面およびその近傍の傷の検出感度は極めて高いが，漏れ磁束が発生し難い内部欠陥に対しては適用できない。開先面やガウジング面の探傷，補修のための欠陥除去面の探傷などに用いられることが多い。

試験体を磁化させる方法には"極間法"と"プロッド法"があり，極間法は試験体の一部または全体を磁化させる方法，プロッド法は試験体局部の接近した2点に電極を押付けて局部的に磁化させる方法である。プロッド法は，1回の通電で全体を磁化できない大形の試験体や複雑な構造の試験体を部分的に検査する場合に適用されている。

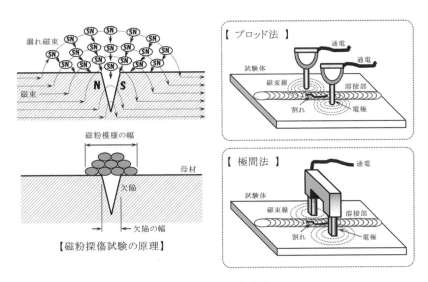

図5.32　磁粉探傷試験

5.7.3　浸透探傷試験(PT:Liquid Penetrating Testing)

浸透探傷試験は，図5.33に示すように，試験体表面を洗浄した後（①前処理），表面に赤色の浸透剤を吹きつけて開口した傷に浸透剤を浸みこませ（②浸透処理），その後表面の余剰浸透剤を拭取り（③除去処理），白色の現像剤を吹き付ける（④現像処理）。そして傷の中にしみ込んでいた浸透剤がにじみ出て形成する指示模様から傷の有無を判定（⑤観察）する。指示模様は白色面にコントラストの強い赤色で実際の傷の幅より広く現れるため，肉眼では見分けることができない微小な傷も検出することができる。

浸透探傷試験は磁粉探傷試験と同様の目的で使用されるが，磁粉探傷試験とは異なり，試験体表面に開口した傷にのみ対応可能であり，開口していない傷に対しては例え表面近傍であっても検出することができない。しかし，磁性体

に限らず非磁性体や非金属の試験体にも適用可能であること，試験方法が簡便であることなどの理由で適用される頻度は多い．

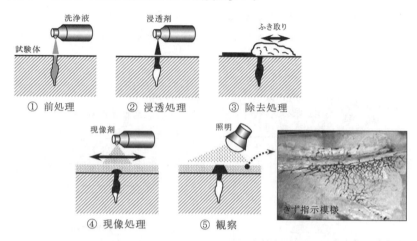

図5.33　浸透探傷試験

5.7.4　放射線透過試験（RT：Radiographic Testing）

溶接部の非破壊検査として広汎に用いられている放射線透過試験は，図5.34 に示すように，X（エックス）線またはγ（ガンマ）線を照射する放射線源を用いて，主に溶接部の内部欠陥を検出する試験方法である．放射線源から

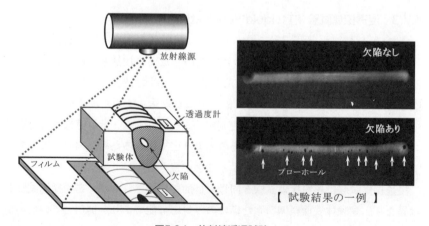

図5.34　放射線透過試験

放射線（X線またはγ線）を試験体に照射すると，これを透過した放射線によって試験体の裏面に設置した放射線フィルムが感光する。試験体内部にブローホールや割れなどの空洞部あるいはスラグなどの異物が存在すると，放射線の減衰度は健全な部分に比べて小さくなるためフィルムは強く感光される。その結果，現像後のフィルムの濃淡度を観察すると欠陥部分の濃度は高く（濃く）なり，欠陥の大きさ，形状および位置などを検出することができる。

放射線透過試験では試験結果をフィルムで残すことができるため，他の非破壊試験より記録性や保存性が良好で，幅広い産業分野で多用されている。しかし放射線は人体に有害な影響を及ぼすため，その取扱いは国家試験に合格した有資格者（X線作業主任者）が管理しなければならないと定められている。

5.7.5 超音波探傷試験 (UT：Ultrasonic Testing)

超音波は固体や液体中を一定の速度で直進し，傷などの異質物があると反射する性質をもっている。この性質を利用して溶接部の内部欠陥の有無を検査する試験方法が，**図5.35**に示す超音波探傷試験である。

超音波探傷試験は，"垂直探傷試験"と"斜角探傷試験"の2つに大別される。垂直探傷試験では，振動子を内蔵した探触子を試験体表面に接触させて試験体

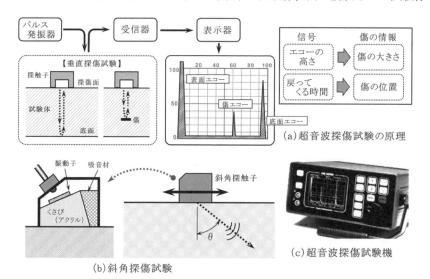

図5.35 超音波探傷試験

内部へ超音波パルスを発信する。健全な部分では試験体の底面でパルスが反射して底面エコーを発生し，探触子はその底面エコーのみを受信する。しかし内部に傷などがあると，超音波パルスはその部分でも反射して傷エコーが発生し，探触子は傷エコーと底面エコーの両者を受信する。探傷結果は CRT などのディスプレイ画面に表示され，傷エコーの高さから傷の大きさを，傷エコーが表示される位置（時間スケール）からエコーが戻って来るまでの時間すなわち傷の位置を判定することができる。この探傷方法では試験体と垂直に超音波パルスを入射させるため，試験体表面と平行な傷の検出に適する。

斜角探傷試験は超音波パルスを試験体へ斜めに入射させる方法であり，探傷の対象となる位置から離れた位置で探触子を操作するため，余盛ビードの研削が不要あるいは継手形状の制約を受け難いなどの長所を持ち，溶接部の検査に多用されている。超音波パルスは斜めに進み，垂直探傷の場合と同様に，傷があると反射して傷エコーを発生するが，試験体の底面で反射してもそのパルスは探触子に戻らないため底面エコーは現れない。また傷などの発生位置は，超音波パルスの入射角，屈折角（θ）および傷エコーの発生時間（距離）から算出しなければならない。

第 6 章

主な鋼材のマグ溶接

6.1　鉄鋼材料の基礎

　純鉄は軟らかく強度も低いため，そのままでは構造材として使用できない。そのため一般に用いられる鋼は，鉄の中に少量の炭素（C）やマンガン（Mn），けい素（Si）などを含ませることによって強度を高めている。また鋼には，不純物としてりん（P）や硫黄（S）が含まれている。

　これらの元素のうち，鋼の性質を最も大きく左右するものは炭素であり，炭素含有量によって特性は大きく異なる。マンガンやけい素は，溶鋼中の酸素（O）と結合して，酸化マンガン（MnO）や酸化けい素（SiO_2）となりやすいため，溶鋼中の酸素を除くこと（脱酸）ができる。鋼中に含まれる酸素を少なくすると鋼の性能を向上させることができるため，マンガンやけい素は脱酸剤として製鋼過程で添加されている。PとSは，精錬過程で使用される鉱石やコークスから混入する不純物であり，通常は 0.04％以下に抑えられている。これらの成分が多くなると，低融点の硫化物やりん化物が生成し，溶接では割れの原因になる。

　炭素鋼と呼ばれるのは 0.02～2.0％程度の炭素を含む鋼のことであり，それ以上の炭素を含むものは鋳鉄と呼ばれる。また炭素鋼は炭素含有量によって，炭素が 0.3％以下の低炭素鋼，0.3～0.5％の中炭素鋼および 0.5～2.0％の高炭素鋼に細分される。軟鋼は低炭素鋼の一種で，焼入れによる硬化をほぼ無視できる低炭素鋼を意味し，一般に，炭素含有量が 0.25％以下で引張強さが 400MPa（N/mm^2）級のものをいう。高張力鋼は少量の合金元素を添加して軟

116　第6章　主な鋼材のマグ溶接

鋼より強度を高くした鋼材であり，引張強さのレベルによって HT490 鋼（≧ 490 MPa），HT590 鋼（≧ 590 MPa）および HT780 鋼（≧ 790 MPa）などと呼ばれている。

　主な炭素鋼の一例を示すと**表6.1**のようであり，それらの化学成分は JIS で規定されている。一般構造用圧延鋼材（JIS G 3101；SS材）は広範囲な産業分野で多用されている鋼材であるが，その化学組成は不純物である P と S の含有量のみが規定されており，溶接継手の性能や特性と密接に関係する C，Si および Mn などの含有量については規定されておらず，重要な溶接構造物に使用されることは少ない。

　溶接構造用圧延鋼材（JIS G 3106；SM材）は溶接構造物への適用を考慮した鋼材で，その化学組成は C, Si, Mn, P および S の含有量が規定されおり，**表6.2**に示すように，一部の鋼種を除いてシャルピー吸収エルルギーも規定されている。

　機械構造用炭素鋼鋼材（JIS G 4051；SC材）は回転軸，ピストン軸あるいはギアなどの機械部品や部材として使用されることが多い鋼材であり，SM材と

表6.1　主な炭素鋼の化学成分

材料の種類 （JIS規格）	JIS記号	化学成分（Vol%）				
		C	Si	Mn	P	S
一般構造用 圧延鋼材 （JIS G 3101）	SS330	―	―	―	0.050以下	0.050以下
	SS400					
	SS490					
溶接構造用 圧延鋼材* （JIS G 3106）	SM400A	0.23以下	―	2.5×C以上	0.035以下	0.035以下
	SM400B	0.20以下	0.35以下	0.6～1.40		
	SM400C	0.18以下				
	SM490A	0.20以下	0.55以下	1.60以下		
	SM490B	0.18以下				
	SM490C					
	SM570					
機械構造用 炭素鋼鋼材 （JIS G 4051）	S25C	0.22～0.28	0.15～0.35	0.30～0.60	0.030以下	0.035以下
	S35C	0.32～0.38		0.60～0.90		
	S45C	0.42～0.48				
＊ 溶接構造用圧延鋼材のC量は板厚50mm以下の場合						

同様に C, Si, Mn, P および S の含有量は規定されているが, 機械的性質についての規定はない。

　炭素を多量（2.14 ～ 6.67%）に含む鉄 – 炭素合金は"鋳鉄"と呼ばれ, 炭素の多くは黒鉛（結晶化した炭素）として分離されている。また Si の含有量も多く, その性質・特性は鋼と大きく異なる。

　その他, 鋼に耐食性, 耐熱性あるいは高温強度などを与えるために, クロム（Cr）, ニッケル（Ni）およびモリブデン（Mo）などの合金元素を添加したものがある。これらの合金元素添加量の合計が 10% 程度までの鋼を"低合金鋼", それ以上のものを"高合金鋼"と呼ぶ。例えば, 各種合金元素の添加によって強度を高めた高張力鋼や低温用鋼材として使われる"3.5%Ni 鋼"・"9%Ni 鋼"などは低合金鋼であり, SUS304 ステンレス鋼（18%Cr+8%Ni）は高合金鋼である。

　鋼材の溶接では, 一旦溶融した金属が凝固した溶接金属と, 溶接にともなう熱サイクルの影響を受けた熱影響部が形成される。溶接金属の凝固晶は細長い柱状であることから柱状晶と呼ばれる。溶接金属の周囲に形成される熱影響部

表6.2　構造用鋼の主な機械的性質

材料の種類 （JIS規格）	JIS記号	機械的性質			
		降伏点・耐力* （MPa）	引張強さ （MPa）	伸び*（%）	シャルピー 吸収エネルギー（J）
一般構造用 圧延鋼材 （JIS G 3101）	SS330	205/195以上	330～430	21/26以上	―
	SS400	245/235以上	400～510	17/21以上	―
	SS490	285/275以上	490～610	15/19以上	―
溶接構造用 圧延鋼材 （JIS G 3106）	SM400A	245/235以上	400～510	18/22以上	―
	SM400B				27以上（0℃）
	SM400C				47以上（0℃）
	SM490A	325/315以上	490～610	17/21以上	―
	SM490B				27以上（0℃）
	SM490C				47以上（0℃）
	SM570	460/450以上	570～720	19/26以上	47以上（-5℃）
* t16以下/t16超					

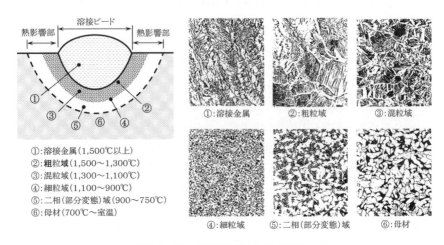

図6.1　低合金鋼溶接部のミクロ組織

では，溶融境界からの距離によって最高加熱温度や冷却速度が異なり，金属組織や硬さなどが変化する．熱影響部各位置のミクロ組織の一例を示すと**図6.1**のようである．

約900℃以上に加熱されると，オーステナイト相になった後に急冷されるため，最高加熱温度に対応した大きさのオーステナイト粒をもつ急冷組織となる．最高加熱温度が1,300℃以上となった領域は粗粒域（②）と呼ばれ，結晶粒は著しく粗大化し，合金元素の多い鋼では硬いマルテンサイトと呼ばれる焼入れ組織を生じることが多い．

1,100～900℃の範囲に加熱された部分は細粒域（④）と呼ばれ，小さなオーステナイト粒の状態からフェライト＋パーライトに変態した領域で，結晶粒は微細化される．1,300～1,100℃の範囲に加熱された部分は混粒域（③）と呼ばれ，粗粒域と細粒域とが入り混じったような組織となる．また900～750℃の間に加熱された部分は，二相域あるいは部分変態域と呼ばれ，母材のパーライト部のみがオーステナイト化しようとして，パーライト中のセメンタイトの一部が球状化し，その後冷却された領域である．

6.2 低炭素鋼

　低炭素鋼は最も多く使用されている炭素量0.3%以下の鋼材で，SS材（一般構造用圧延鋼材）およびSM材（溶接構造用圧延鋼材）がその代表鋼種である。SS材で最も多用されるSS400では，規定されている化学成分はPとSのみで，C，Si，Mnについての規定はない。また，シャルピー吸収エネルギーの規定もない。したがって溶接割れを生じやすく，じん性も一般に劣るため，重要な溶接構造物への適用は不適切である。

　SM材は，強度と同時に溶接性とじん性を保証する鋼材で，強度の規格はSS材と同様であるが，化学成分はC，Si，Mn，PおよびSについて規定されている。またSM材では，A種を除いて，シャルピー吸収エネルギーが規定されており，大形溶接構造物への適用を考慮して，溶接性と切欠きじん性を重要視した鋼材となっている。

　主な炭素鋼とその溶接性の概略をまとめると図6.2のようであり，低炭素鋼は急冷されてもそれほど硬化しないため，溶接性は良好である。しかし仮付溶接などの小入熱溶接では熱影響部が急冷されるため，割れに対する若干の注意が必要である。低炭素鋼で予熱が必要となることはほとんどないが，継手の板厚が非常に厚い場合や大気温度が著しく低い場合などでは，冷却速度が極端に速くなって熱影響部が硬化し割れが発生しやすくなるため，予熱が必要になる

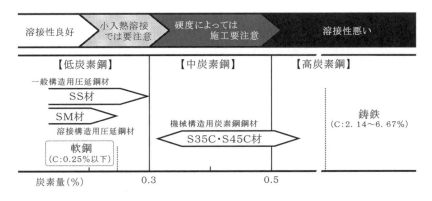

図6.2　主な炭素鋼の種類と溶接性

120 第6章 主な鋼材のマグ溶接

こともある。

　なお，低炭素鋼と軟鋼は同一のものとされることが多いが，炭素量 0.25 %
以下の鋼材を軟鋼といい，低炭素鋼のすべてが軟鋼というわけではない。

6.3　中・高炭素鋼

　中炭素鋼である SC 材の S35C および S45C は炭素含有量が多く（C：0.3 〜
0.5 %），高強度であるが延性に欠け，溶接性は低炭素鋼より劣る。そのため，
溶接時に熱影響部が硬化して割れ（低温割れ；前章 5.6.2 項参照）が発生しや
すく，必要に応じて予熱や後熱を行なわなければならない。

　炭素含有量が 0.5 % を超える高炭素鋼では，溶接部がさらに硬化しやすく，
溶接性は極めて悪くなるため，適切な予熱および後熱を施さなければ，低温割
れが必ず発生するといっても誤りではない。一般に，溶接可能な鋼の最大炭素
含有量は約 0.8 % で，それ以上の炭素を含む鋼の溶接は極めて困難である。

6.4　高張力鋼

　引張強さが 490 N/mm^2 以上の構造用鋼を "高張力鋼" といい，球形タンク，
石油貯槽，ボイラ，原子炉，圧力容器，船舶，橋梁，建築鉄骨，各種産業用機
械，配管，導管その他に広く用いられている。炭素量は一般に低合金鋼より少
ないが，各種の合金元素が添加されているため，熱影響部が硬化しやすく，低
温割れに対する注意が必要である。

　鋼の熱影響部は，溶接ボンド部（溶融境界：溶接金属と母材との境界）から
の距離に応じて組織が変化し，その硬さも変化する。1,250 ℃ 以上に加熱され
て結晶粒が粗大化した溶接ボンド部近傍の粗粒域では，マルテンサイトなどの
硬化組織の生成によって，この領域で硬さのピーク値（最高硬さ）が現れる。
最高硬さは，冷却速度（冷却時間）の他，鋼の化学組成によっても大きく異な
る。最高硬さに対する化学組成の影響を示す指数が炭素当量（Ceq）であり，
下式で表される。なお式中の元素記号は，その元素の含有量（%）である。

$$Ceq = C + 1/6\,Mn + 1/24\,Si + 1/40\,Ni + 1/5\,Cr + 1/4\,Mo + 1/14\,V\,(\%)$$

炭素当量は，硬さに最も影響するCを基準にして，MnやSiなどの合金元素の影響を指数化したものであり，硬さに対するMnの影響度はCの1/6，Siの影響度は1/24などであることを意味する。

炭素当量と最高硬さとの関係は**図6.3**のようであり，熱影響部の最高硬さは炭素当量にほぼ比例する。一般に，硬さが増すと強度は高くなるが，伸びやじん性は低下する。したがって炭素量が少ない鋼であっても，合金元素の種類やその添加が多くなると炭素当量が大きくなり，溶接後の急冷によって熱影響部が硬化して，溶接性が悪くなることを示している。

高張力鋼には合金元素が多く添加されているため，その溶接で最も注意しなければならない事項は低温割れの防止である。低温割れは，溶接部の水素量，溶接部の硬化性および溶接部の拘束度の3つが要因となって生じる。低温割れの防止には予熱が有効であり，予熱には冷却速度を遅くして溶接金属や熱影響

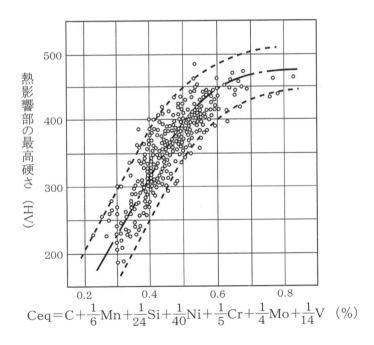

図6.3　炭素当量(Ceq)と熱影響部最高硬さの関係

部の硬化を抑制するとともに、溶接部の水素の大気中への放出を促進する作用がある。

低温割れの要因となる上記3要素をパラメータとして、低温割れ発生の程度を示す溶接割れ感受性指数 P_C が提案されている。この指数では、炭素当量の代わりに溶接割れ感受性組成・P_{CM} を用いて鋼材の化学組成と割れ感受性との関係を表し、それに溶接金属の水素量と、拘束度と関係の深い板厚を加えて新しい指数としている。

P_C および P_{CM} は、それぞれ次のようにして求める。

$P_C = P_{CM} + 1/60 H + 1/600 t\,(\%)$

$P_{CM} = C + 1/30 Si + 1/20 Mn + 1/20 Cu + 1/60 Ni + 1/20 Cr + 1/15 Mo + 1/10 V + 5B\,(\%)$

ここで、式中の元素記号はその元素の含有量(%)、Hは溶接金属の水素量(mℓ/100g)、tは板厚(mm)である。

熱影響部で生じる割れを、P_C 値と予熱温度との関係で整理すると**図6.4**の

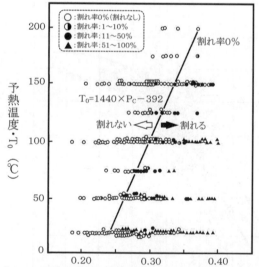

図6.4　溶接割れ感受性指数・Pc値と予熱温度の関係

6.4 高張力鋼 123

ようであり，P_C 値が大きくなるほど高い予熱温度が必要となることが分かる。
また P_C 値と割れ停止に必要な最低予熱温度・To との間には

$$To = 1440 \times P_C - 392 \, (℃)$$

の関係がある。予熱温度の一例を**表6.3**に示す。

低温割れを防止のための要点は次のようである。

①鋼材化学組成の選定

鋼の P_{CM} 値が大きくなるほど熱影響部にマルテンサイトなどの硬化組織が生成し，低温割れが発生しやすくなる。低温割れ防止には，できるだけ P_{CM} 値を低く抑えることが重要である。

②水素量の低減

低温割れの主要因は溶接部の拡散性水素であり，高張力鋼では強さが増すほど微量の水素でも割れに影響するため，水素をできるだけ少なくすることが必要である。

③冷却速度の減少

溶接時の冷却速度の低下は熱影響部のマルテンサイトの生成傾向を少なくするとともに，溶接部からの水素の拡散放出を大いに助ける。したがって溶接入熱を大きくし，予熱温度を高めることによって冷却速度の低下（冷却時間の増加）を図ることが低温割れの防止に有効である。また溶接直後に溶接

表6.3　予熱温度の一例

	板厚(mm)	予熱温度(℃)
490N/mm²級 高張力鋼	t < 25	予熱なし
	25 ≦ t < 38	40〜60
	38 ≦ t < 50	80〜100
590N/mm²級 高張力鋼	t < 25	40〜60
	25 ≦ t < 38	80〜100
	38 ≦ t < 50	
780N/mm²級 高張力鋼	t ≦ 19	≧ 10
	19 < t ≦ 38	≧ 50
	38 < t ≦ 63.5	≧ 80
	63.5 < t	≧ 110

部を後熱することも，熱影響部の組織改善と水素の拡散放出の効果があり，割れ防止に効果がある。また，溶接入熱の増加も溶接時の冷却速度を低下に有効であるが，入熱を必要以上に大きくすると結晶粒が粗大化し，熱影響部のじん性を著しく低下させることがあるため，過大な入熱は避けなければならない。

④溶接部の応力低減

低温割れには，溶接部に生じる拘束応力が大きく関係する。一般に板厚が厚いほど，継手形状が複雑なほど拘束応力は増加して割れが発生しやすくなる。設計段階から，溶接継手を集中させないなど，できるだけ拘束度の低減を図ることが必要である。また溶接施工順序を工夫して，拘束応力の増大を防ぐなどの施工上の注意も必要である。

従来の高張力鋼は，"圧延のまま"あるいは"圧延後に焼ならし"の状態で使用される非調質鋼と，焼入れ焼戻し処理によって強さを高めた調質鋼とが大部分であった。しかし近年，オーステナイト・フェライト2相域圧延などで強さとじん性を向上させる制御圧延法や，より厳密な条件下で制御圧延を行った直後に水冷などを行って一層の高強度化をはかる加速冷却法の技術開発が行われ，TMCP（Thermo-Mechanical Control Process：熱加工制御）鋼と呼ばれる新しい高張力鋼が製造，実用化されている。

TMCP鋼と従来鋼のミクロ組織とを比較すると**図6.5**のようであり，従来鋼（圧延のまま・圧延＋焼きならし）に比べて，TMCP鋼では微細な金属組織が得られている。TMCP鋼では，A_{r3}点（オーステナイト相の粒界からフェラ

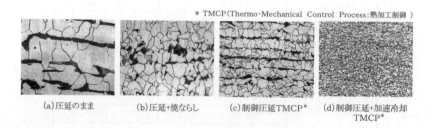

図6.5　金属組織の比較

イト相が析出し始める温度）近傍での制御圧延によって，オーステナイトの再結晶が抑制されるため，冷却後のフェライト結晶粒が小さくなり，パーライト組織も同時に小さくなる。この様な結晶粒の微細化は，制御圧延直後の水冷を行うことによって一層促進される。

従来鋼（圧延のまま）とTMCP鋼との引張強さを比較すると**図6.6**のようであり，TMCP鋼では低い炭素当量で，従来鋼と同一の強度レベルが得られる。すなわちTMCP鋼では，炭素当量を低くしても高い強度が得られ，従来鋼に比べ，熱影響部の硬化が少なく，切欠じん性の劣化も少ない溶接性に優れた特性が得られる。また場合によっては，低温割れ防止のための予熱を省略することも可能となる。

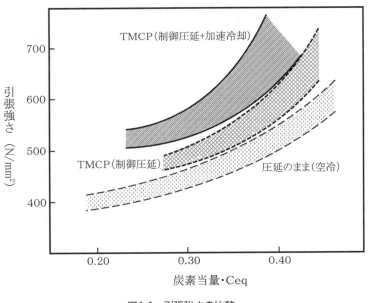

図6.6　引張強さの比較

6.5 建築構造用圧延鋼

新耐震設計法を満足する要求性能と溶接性を兼ね備えた建築専用鋼材の規格として1994年に制定された鋼材が，建築構造用圧延鋼材（SN材；JIS G 3136）である。鋼材の化学成分については**表6.4**のように，機械的性質については**表6.5**のように規定されている。

SN材にはA種，B種およびC種があり，それらの使用部位と品質が関連付けられている。A種は弾性範囲内で使用し，主要構造部材以外の溶接を行わない部材が主用途である。B種は塑性変形性能と溶接性が確保された鋼材で，耐震上主要な構造部材（柱，大梁など）が主用途である。C種は，B種の性能に加え，板厚方向の性能を重視する部材（ダイヤフラム，ボックス柱のスキンプレートなど）が主用途である。

表6.4　SN材の化学成分

JIS記号	化学成分（Vol%）						
	C	Si	Mn	P	S	Ceq*	P$_{CM}$**
SN400A	0.24以下	―	―	0.050以下	0.050以下	―	―
SN400B	t≦50: 0.20以下	0.35以下	0.60〜1.50	0.030以下	0.015以下	0.36	0.26
SN400C	t>50: 0.22以下			0.020以下	0.008以下		
SN490B	t≦50:0.18 t>50≦100 :0.20以下	0.55以下	1.65以下	0.030以下	0.015以下	t≦40: 0.44 40<t: 0.469	t≦40: 0.29 40<t: 0.29
SN490C				0.020以下	0.008以下		
*TMCP鋼の場合;t≦50:0.38, 50<t:0.40　**TMCP鋼の場合;t≦50:0.24, 50<t:0.26							

表6.5　SN材の機械的性質

JIS記号	降伏点・耐力（MPa）				引張強さ（MPa）	シャルピー吸収エネルギー（J）
	板厚（mm）					
	16以下	16〜40	40〜75	75〜100		
SN400A	235	235	215		400〜510	―
SN400B	235〜355	235〜355	215〜335			
SN400C						0℃:27J
SN490B	325〜445	325〜445	295〜415		490〜610	
SN490C	―					

SN 材に規定されている主な特性は次のようである。

① 大地震の際などに十分な塑性変形能力をもつために，降伏比の上限値を 0.8 に規定している。降伏比は降伏点または耐力／引張強さで定義され，降伏比が高過ぎると局部収縮を起こすまでの伸び（一様伸び）が減少して，構造物としての塑性変形能が低下するとされている。また B 種および C 種では，降伏点の上下限の幅を 120 MPa に規定している。

② C 種では，仕口部のような板厚方向に大きな引張応力を受ける部材に対して，ラメラテア防止のため板厚方向（Z 方向）の絞り値を規定している。

③ B 種および C 種では，溶接性の観点から炭素当量を規定するとともに，ラメラテア対策から P および S の上限値を規定している。

SN 材の溶接施工においても，高張力鋼と同様に，低温割れに対する考慮が重要である。上述した Pc 値などを参考にして予熱温度を選定すればよいが，実際の予熱温度の設定に当たっては，実施工で使用する鋼材および溶接材料を用いて y 形溶接割れ試験 （JIS Z 3158）による確認実験を実施することが望ましい。

なお最大入熱は，ボックス角継手，ダイアフラム，仕口部，突合せ継手およびすみ肉継手など，いずれの溶接部位も 70 kJ/cm 以下とされている。また多層溶接でのパス間温度は，250℃以下としなければならない。

6.6 耐火鋼

耐火鋼（FR 鋼）は，一般鋼に Mo や Nb などの合金元素を添加して高温耐力を向上させた鋼材である。一般鋼の高温耐力は 350℃近傍で常温時の 2/3 程度まで低下し，火災時に建築物に要求される耐力を下まわる。しかし耐火鋼の場合，常温時の強度は一般鋼と同じレベルであるが，600℃でも常温降伏点規格の 2/3 が保証されている。

耐火鋼には Mo などの合金元素が添加されているが，C，Si，および Mn の含有量を低く抑えて Pcm 値を低くしているため，高張力鋼の溶接と同様の注意を払えば良好な溶接施工が可能である。

6.7 低温用鋼

低温用鋼は液化ガスなどの貯蔵・輸送容器および設備の製造に使用される鋼材であり，最低使用温度が−30℃〜−60℃の炭素鋼（SLA材：アルミキルド低炭素鋼）と，−70℃〜−196℃のニッケル鋼（SL材）に大別される。これらの低温用鋼では，その使用温度で必要な切欠きじん性と良好な溶接性を併せ持つように工夫されている。

SLA材にはすべて熱処理（焼ならし，焼入れ焼戻し，TMCP）の実施が規定されていおり，機械的性質と熱処理方法によって，最低使用温度が−30℃（SLA235A），−45℃（SLA235B，SLA325A）および−60℃（SLA325B，SLA360，SLA410）の3種類に分かれる。

SL材の最低使用温度はSLA材よりさらに低く，"2.5%Ni鋼"の最低使用温度は−70℃，"3.5%Ni鋼"の最低使用温度は−101℃，"5%Ni鋼"の最低使用温度は−130℃，"9%Ni鋼"の最低使用温度は−196℃である。なお最低使用温度−196℃以下の超低温材料には，アルミニウム合金，オーステナイト系ステンレス鋼，インバー合金（36%Ni−Fe）などがある。

低温用鋼の溶接における留意点は，入熱量の制限，予熱・パス間温度の管理，溶接金属の窒素量の管理および適正溶接条件の管理である。溶接入熱が過大になると低温じん性が低下する傾向があるため，適切な入熱の選定が必要である。冷却速度が遅くなる薄板の溶接では，入熱に対する配慮が特に重要である。予熱・パス間温度も，溶接金属の組織を変化させてじん性に影響を及ぼすため，入熱はもちろんのこと，母材の種類，構造物の大きさ，板厚，気象条件などに応じて予熱・パス間温度を設定しなければならない。さらに，溶接部のシールドが不十分になると，溶接金属中の窒素量が増加してじん性が劣化するため，ワイヤ突出し長さ，シールドガス流量，ノズル径・形状および防風対策などに留意し，シールド不良を生じないようにしなければならない。また，アーク電圧の変化にって SiやMnなどの合金元素の溶着金属中への歩留まりが変化し，場合によってはじん性が低下することがあるため，溶接電流に応じた適正なアーク電圧を選定して溶接することも必要である。

6.8 高温用鋼

高温用鋼に要求される性質は，高温強度の他，耐高温酸化性，クリープ特性，耐高圧水素特性などである。高温用鋼には Mo および Cr が添加されており，Mo はクリープ強度向上に最も有効であり，Cr はクリープ強度の向上に加え，使用温度で安定な酸化皮膜を形成して耐酸化性を高めるとともに水素アタックを防止する効果がある。また近年では，W，V，Nb，B などを添加した使用性能の改善もなされている。

代表的な高温用鋼としては，限界使用温度 420℃の炭素鋼（SB410，SB450，SB480），限界使用温度 480℃の 0.5 Mo 鋼（SB450 M，SB480 M，SBV1 B），限界使用温度 520℃の 1 Cr−0.5 Mo 鋼（SCMV2，SCMV3），限界使用温度 600℃の 2.25 Cr−1 Mo 鋼（SCMV4），3 Cr−1 Mo 鋼（SCMV5）および 5 Cr−1 Mo 鋼（SCMV6）がある。

高温用鋼の溶接では，溶接熱影響部の硬化と延性の低下，低温割れ，溶接部のじん性劣化および使用中のぜい化などへの配慮が必要である。

6.9 耐候性鋼

大気中での耐錆性を向上させる目的で，炭素鋼に Cu，Cr，P および Ni などを添加した低合金鋼が耐候性鋼であり，炭素鋼の 4 〜 8 倍の耐候性をもち，車両・建築・鉄塔・橋梁などに使用されている。耐候性鋼には，P や Cu を添加した耐候性鋼板（SPA 材）と，Cr，Cu および Ni を添加した耐候性溶接構造用鋼板（SMA 材）とがある。SMA 材は特に優れた耐候性をもち，大気中での腐食に耐える性能が優れている。

SMA 材の JIS（G 3314）では，Cu-Cr 系で通常は塗装して使用する P タイプと，Cu-Cr-Ni 系で通常は裸のままあるいはさび安定化処理を施して使用する W タイプとに大別されている。耐候性鋼の溶接に用いるワイヤも鋼材規格に適合するように W タイプと P タイプとに分類され，ソリッドワイヤおよびフラックス入りワイヤともに，耐候性向上に有効な合金成分 Cu，Cr および Ni の含有

130 第6章 主な鋼材のマグ溶接

量の下限値が，溶着金属中で鋼材規格のそれを下回わらないように規定されている。

耐候性鋼の溶接金属の引張強さは570N/mm²程度であり，溶接施工においては，基本的に，570N/mm²級高張力鋼と同様の事項に留意すればよい。

6.10 プライマ塗布鋼板

プライマ塗布鋼板は，鋼板の切断・溶接などの加工および組立工程期間中に生じる錆の発生を防ぐことを目的として，一次防錆塗料（ショッププライマ）で表面処理された鋼板であり，主に造船や橋梁などで用いられる。プライマには，ウォッシュプライマ，ノンジンクプライマ，ジンクリッチプライマおよび無機ジンクプライマなどがあり，化学組成はそれぞれ異なっている。近年の傾向としては，造船では新無機ジンクプライマ塗布鋼板が主流で，橋梁ではウォッシュプライマと無機ジンクプライマ塗布鋼板がそれぞれ半々の割合で使用されている。

プライマ塗布鋼板の溶接では，アーク熱で分解されたプライマから，**表6.6**に示すような各種のガスが発生する。発生するガスの量はプライマの種類や塗装膜厚によって異なるが，ガスの成分は主としてH_2とCOであり，これらのガスが気孔（ピット，ブローホール）発生の原因になる。

プライマ塗布鋼板での気孔を抑制・低減する対策は，まずプライマを除去して溶接することが基本である。しかし塗布した状態で溶接しなければならない場合には，プライマの膜厚，溶接材料および溶接施工の3つの面から総合的に

表6.6 プライマ分解ガスの構成と発生量

プライマの種類	発生ガスの構成比率(%)				ガス発生量 (mℓ/1mg)
	H_2	O_2	N_2	CO	
ウォッシュ	48.3	0.1	—	51.6	0.703
ノンジンク	65.1	0.2	0.4	34.3	0.205
ジンクリッチ	69.3	0.3	0.1	30.3	0.047
無機ジンク	50.8	微量	0.1	49.1	0.064

検討することが必要となるが，膜厚を必要以上に厚くしないことが最も重要な事項である。マグ溶接では，特に気孔が発生しやすい傾向があるが，無機ジンクプライマの溶接性はかなり改善されている。

　溶接材料面からの対策としては，発生したガスを溶融金属中から逃げやすくするなど，ワイヤの組成を工夫して，耐気孔欠陥性に優れたメタル系のフラックス入りワイヤワイヤが開発・実用化されている。

　溶接施工における対策としては，良好なシールド状態の確保，母材の表面の清浄化，適切な溶接条件の選定および機器の取扱いなどが挙げられる。これらの要因が重複した場合はもちろんのこと，1つの要因によっても欠陥が発生する場合があり，溶接施工に当たってはこれらの要因を念頭に置いた管理を徹底することが必要である。すみ肉継手の溶接ではルート間隔が耐ピット性に大きく影響し，ルート間隔が 0.5 mm 程度あれば発生したガスが逃げやすくなり，ピットの発生はほぼ抑制できる。

6.11　亜鉛めっき鋼板

　亜鉛めっき鋼板は，耐食性と経済性に優れた防錆手段として，自動車，鉄塔，橋梁，建築，住宅および配管などの各種構造物に使用されている。亜鉛めっき鋼板には，"溶融亜鉛めっき鋼板"，"電気亜鉛めっき鋼板"，"合金化溶融亜鉛めっき鋼板"，"溶融亜鉛－アルミニウム合金めっき鋼板"などがある。広範囲に用いられる電気亜鉛めっき鋼板の亜鉛目付量は 50 g/m² 以下であるが，自動車などでは亜鉛目付量が 40 ～ 100 g/m² の合金化溶融亜鉛めっき鋼板が多用されている。また鉄塔や橋梁などでは亜鉛目付量が 60 ～ 600 g/m² の溶融亜鉛めっき鋼板の使用が多い。近年では，亜鉛，アルミニウムおよびマグネシウムをめっき材とした三元系の"高耐食めっき鋼板"も開発・実用化され，住宅や屋外の立体駐車場などに用いられている。

　亜鉛は低融点金属で，その融点は約 420℃，沸点は約 910℃である。そのため亜鉛めっき鋼板をマグ溶接すると，**図6.7** に示すように，高温のアーク熱によって鋼板表面にめっきされた亜鉛が溶融・気化して，アーク雰囲気や溶融池金属中に侵入する。また溶融池の温度は 1,800 ～ 2,000℃程度であるから，溶

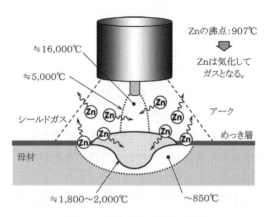

図6.7　亜鉛めっき鋼板の溶接

融池周辺(熱影響部)の亜鉛の一部も溶融・気化する。アーク雰囲気に侵入した亜鉛蒸気はアークを乱し，スパッタを増加させるとともに，溶融池へ侵入した亜鉛蒸気(ガス)によってピットやブローホールなどの気孔欠陥が発生する。

　亜鉛めっき鋼板溶接部の気孔欠陥は，亜鉛目付量と大きく関係し，目付量の増加にともなって気孔欠陥の発生も増加する。また，重ね継手などの鋼板重なり部で多く発生し，ビードオンプレート溶接のように，アーク熱で亜鉛が直接溶融・気化される場合などでの気孔発生はほとんどない。シールドガスの組成も影響し，Ar–CO_2混合ガスに比べ，100％CO_2の方が気孔の低減に有利である。CO_2の溶融池撹拌作用はAr–CO_2混合ガスに比べて大きく，溶融池内の気泡の浮上を促進する。

　溶接姿勢も気孔発生に関係し，水平より立向下進の方が気孔欠陥の発生が増加する傾向がある。立向下進溶接では，ビード幅が広く，溶融池がアークより先行しやすいため，溶融池前方の亜鉛がアーク熱によって溶融されずに，溶融池内へ直接入り込みやすいためである。同様にトーチ角度も影響し，後進溶接ではアーク力の作用で溶融池金属は後方へ押し上げられるため，溶融池の先行を抑制することができる。一方前進溶接では，アーク力の作用で溶融池金属は前方へ押し出されることとなるため，亜鉛めっき鋼板の溶接での前進溶接は厳禁である。しかし，後進溶接にするとビード形状は凸となりやすいため，亜鉛めっき鋼板の溶接でのトーチ角度は垂直(面直)が基本である。

亜鉛めっき鋼板の溶接では，めっき層の亜鉛を溶融池金属で包み込まないようにすることが必要であり，そのための工夫としては次のような事項が挙げられる。
①溶融池前方の亜鉛を，アークの熱で気化させる。
　細径ワイヤを用い，低目の電流で，ゆっくり溶接する。
②亜鉛の目付け量が多い場合は，CO_2ガスを使用する。
③亜鉛蒸気（ガス）の逃げ道を設ける。
　隙間を設ける。両面すみ肉では2パス目（バックパス）の溶接が要注意。
④溶接金属で亜鉛を包み込まないようにする。
　トーチ角度は垂直（面直）が基本。下進溶接では後進法。過度の前進角は避ける。

6.12　ステンレス鋼

ステンレス鋼はクロム（Cr）を12%以上含む高合金鋼であり，他の鋼に比べて優れた耐食性と耐熱性をもち，食器，厨房器具，鉄道車両，化学プラントおよび原子力機器など広範囲な分野で幅広く使用されている。ステンレス鋼の主な鋼種は図6.8のようであり，合金の基本成分がクロムのみであるCr系

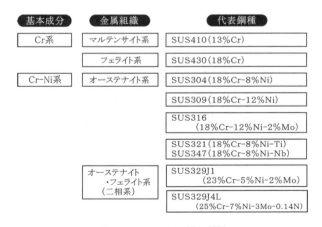

図6.8　ステンレス鋼の種類

ステンレス鋼と，Cr およびニッケル（Ni）が合金の基本成分である Cr-Ni 系ステンレス鋼に大別される。クロム系ステンレス鋼には SUS410 に代表される Cr 含有量が 13％ 程度のマルテンサイト系ステンレス鋼と，SUS430 に代表される Cr 含有量が 18％ 程度のフェライト系ステンレス鋼がある。Cr-Ni 系ステンレス鋼には Cr 含有量が 18％ で Ni 含有量が 8％ の SUS304 に代表されるオーステナイト系ステンレス鋼，および SUS329 に代表されるオーステナイト・フェライト系（二相系）ステンレス鋼などがある。

ステンレス鋼の鋼種を表す記号は，ステンレス鋼を意味する記号 "SUS（Steel Use Stainless）" と "3 桁の数字" を組み合わせて「SUS ×××」と表示し，Cr 系ステンレス鋼の場合は 400 番台の数字「4 ××」で，Cr-Ni 系ステンレス鋼の場合は 300 番台の数字「3 ××」で表すようになっている。

ステンレス鋼の主な物理的性質は**表6.7** のようであり，オーステナイト系ステンレス鋼には磁性はないが，マルテンサイト系およびフェライト系ステンレス鋼には，軟鋼と同様に磁性がある。熱伝導率はいずれのステンレス鋼も軟鋼より小さく，マルテンサイト系およびフェライト系ステンレス鋼では軟鋼の約 2 分の 1，オーステナイト系ステンレス鋼では約 3 分の 1 程度である。そのため，ステンレス鋼の溶接では熱がこもりやすく，溶接部の冷却速度は遅い。電気抵抗値はマルテンサイト系およびフェライト系ステンレス鋼で軟鋼の約 4 倍，オーステナイト系ステンレス鋼で約 5 倍と大きい。マルテンサイト系およびフェライト系ステンレス鋼の線膨張率は軟鋼とそれほど大きい差はないが，オーステナイト系ステンレス鋼の線膨張率は軟鋼の約 1.5 倍と大きいため，溶接時に生じる熱変形やひずみは軟鋼より大きくなる。また磁性がないオーステ

表6.7　ステンレス鋼の主な特性

鋼種	磁性	熱伝導率 （$\times 10^{-2}$cal/℃·cm·sec）	線膨張係数 （$\times 10^{-6}$/℃）	比抵抗 （$\times 10^{-6}\Omega$·cm）
参考： 　軟鋼（SS400）	あり	46.9	11.4	15
マルテンサイト系 （SUS410）	あり	24.9	9.9	57
フェライト系 （SUS430）	あり	26.1	10.4	60
オーステナイト系 （SUS304）	なし	16.3	17.3	72

ナイト系ステンレス鋼と磁性がある軟鋼などとの異材溶接では，磁気吹きの影響でアークが偏向して，磁性材料側に過大な溶融が生じることもあるため注意が必要である。

　ステンレス鋼の主な溶接性を鋼種で比較すると**表6.8**のようである。マルテンサイト系ステンレス鋼は焼入れ硬化性が大きく，低温割れを生じやすいため，溶接時のマルテンサイト生成阻止および溶接部からの拡散性水素の放出に留意しなければならない。割れ防止のためには，200〜400℃程度の予熱とパス間温度の保持，ならびに溶接部のじん性回復のための700℃前後の溶接後熱処理が必要である。

　フェライト系ステンレス鋼には焼入れ硬化性はないが，溶接部の冷却速度が遅くなると結晶粒が粗大化して，熱影響部の延性やじん性が著しく劣化する。劣化した靭性・延性は，溶接後熱処理では改善できないため，入熱量およびパス間温度を適正に管理することが重要である。また溶接金属が600〜800℃に比較的長時間保持されると，シグマ（σ）相と呼ばれる鉄とクロムが主体の金属間化合物がフェライト中へ優先的に生成する。シグマ層は硬くて脆く，その生成量が数％でも延性やじん性を低下させるため，このような現象はシグマ相ぜい化と呼ばれている。シグマ相ぜい化は，主にフェライト系ステンレス鋼で

表6.8　主なステンレス鋼の溶接性

	マルテンサイト系	フェライト系	オーステナイト系
主な化学組成	Cr：12〜18，C：>0.15	Cr：12〜27，C：<0.15	Cr：>17，Ni：>7，C：<0.2
一般的な溶接性	相当悪い	悪い	良い
溶接部の性質	焼入れ硬化性が強く，割れを生じやすい。	焼入れ硬化はないが，延性・じん性が低下し，割れを生じやすい。	割れは生じにくいが，材質変化についての考慮が必要。
	拡散性水素による遅れ割れを生じることがある。		遅れ割れは生じない。
温度管理	硬化防止のために200〜400℃の予熱・後熱が原則。層間温度の維持に注意。	150〜300℃の予熱で割れ防止を行うことあり。過大な入熱は結晶粒の粗大化で割れを生じる。	予熱・後熱は必要なし。過大な入熱はさける。
作業上の注意	C（炭素）・N（窒素）・H（水素）の侵入をさける。		溶接性は比較的良好
代表的な鋼種	SUS403・SUS410	SUS405・SUS430	SUS304 SUS308・SUS316

生じる現象であるが，場合よってはオーステナイト系ステンレス鋼で生じることもある。

　オーステナイト系ステンレス鋼の溶接性は比較的良好で，水素が原因となる低温割れ（遅れ割れ）が生じる恐れはないため，予熱は不要である。オーステナイト系ステンレス鋼で発生する割れのほとんどは高温割れである。溶融金属の凝固過程で，P，S，Si あるいはニオブ（Nb）などの低融点化合物が，オーステナイト粒界や柱状晶粒界に偏析することによって生じる。高温割れに及ぼすフェライト量の影響は**図6.9**のようであり，溶接金属に含まれるPとSの和（P+S）が多いほど高温割れが生じやすいが，溶接金属中に適量のフェライトを析出させると高温割れを防止できる。またSに起因した高温割れには，Mnの添加が有効とされている。

　溶接では，一般に，溶接部の冷却速度を遅くして低温割れの原因となる水素の放出を促進させることが推奨されている。しかし，水素固溶量が大きいオーステナイト系ステンレス鋼では低温割れが発生することはほとんどなく，むしろ過大な入熱を避けてパス間温度を150℃以下に保ち，場合によっては水冷しながら溶接を行って，溶接部の冷却速度をできるだけ速くするようにしなければならない。オーステナイト系ステンレス鋼が500〜850℃の温度域に長い時

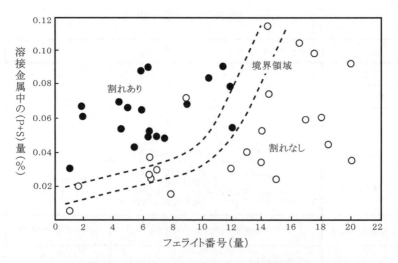

図6.9　オーステナイト系ステンレス鋼の高温割れ

間さらされると，図6.10に示すように，オーステナイト結晶粒界にクロム炭化物が析出して"鋭敏化部"と呼ばれる領域が発生する。鋭敏化部の近傍ではクロム濃度が低下して耐食性が劣化するため，腐食環境下ではこのクロム欠乏域が選択的に腐食されて，"ウェルドディケイ"と呼ばれる粒界腐食が発生する。

ウェルドディケイの抑制には，クロム炭化物生成の原因となるCを低減させた低炭素ステンレス鋼（SUS304LやSUS316Lなど）の適用，CrよりCと結合しやすいNbやTiを添加した安定化ステンレス鋼（SUS321やSUS347）の採用が有効である。ただし安定化ステンレス鋼が600〜850℃に加熱され続けると，安定化炭化物であるニオブ炭化物（NbC）やチタン酸化物（TiC）は分解され，クロム炭化物が析出して粒界腐食が発生しやすくなる。安定化ステンレス鋼の熱影響部で生じる粒界腐食は"ナイフラインアタック"と呼ばれ，溶接後に870〜900℃の安定化熱処理を行うと，ニオブ炭化物やチタン酸化物が再び生成してこの現象を防止することができる。

オーステナイト系ステンレス鋼の構造物では，"応力腐食割れ"といわれる現象が問題になることが多い。応力腐食割れは，粒界腐食あるいは孔食（表面に生じた1〜数mm φ程度の円形穿孔性腐食：不動態皮膜の局部破壊）などが原因で発生するが，その発生には引張応力と腐食環境の両者が関係し，いずれか1つの要因のみでは応力腐食割れは生じないとされている。

ステンレス鋼の溶接においても，同一の材料同士を溶接する場合は，母材と同じ成分系のワイヤを選ぶことが原則である。ステンレス鋼の溶接に用いられるワイヤも母材とほぼ同組成の化学成分を有するが，溶接金属の性能や溶接性を考慮して，NiやCrなどの組成範囲は母材と多少異なったものが適用される。

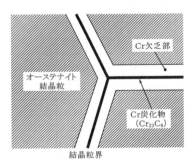

図6.10　クロム炭化物の生成

138 第6章 主な鋼材のマグ溶接

母材とワイヤの組合せを**表6.9**に示す。

ステンレス鋼と軟鋼などとの異材溶接では，材質の異なる2つの母材に溶加材が入り混じって，まったく異なった組成の溶接金属が形成される。例えば**図6.11**に示すように，オーステナイト系ステンレスワイヤSUS309を用いてオーステナイト系ステンレス鋼SUS304と軟鋼SS400の溶接を行うと，得られる溶接金属はこれら3者が混合されたものとなる。また溶接金属と軟鋼の溶融界面（ボンド部）近傍には$100\,\mu$m程度の遷移領域が発生し，Fe，Mn，CrおよびNiの濃度が変化して，マルテンサイト組織が形成される。さらに，軟鋼とステンレス鋼では熱伝導率が大きく異なるため，溶込みの中央部は熱伝導率が小さいステンレス鋼側にずれ，溶込み形状は非対称となる。

ステンレス鋼と炭素鋼や低合金鋼の異材溶接での溶接金属の特性は，炭素鋼や低合金鋼の溶融量（希釈率）によって大きく左右される。希釈率が大きい場合には，溶接金属中のCrとNiが低下するため，フェライト量が減少して高温割れが発生しやすくなる。反対に希釈率が小さ過ぎると，後熱処理などによってシグマ相ぜい化を生じる恐れがある。異材溶接では適切な希釈率を維持するように配慮することが必要であり，溶加材には希釈率の許容範囲が広いものを選定することが望ましい。

表6.9　母材と溶加材の組合せ

鋼種	母材		ワイヤのJIS記号
	JIS記号	主な化学組成	
マルテンサイト系	SUS403	12Cr-低Si	YS410・YS309・YS310/TS410・TS309・TS310
	SUS410	12Cr	
	SUS410S	12Cr-低C	
フェライト系	SUS405	13Cr-0.2Al	
	SUS430	18Cr	
	SUS434	18Cr-1Mo	
オーステナイト系	SUS304	18Cr-8Ni	YS308/TS308
	SUS304L	18Cr-9Ni-低C	YS308L・YS347/TS308L・TS347
	SUS309S	22Cr-12Ni	YS309/TS309
	SUS310S	25Cr-20Ni	YS310S/TS310S
	SUS316	18Cr-12Ni-2.5Mo	YS316・YS316L/TS316・TS316L
	SUS316L	18Cr-12Ni-2.5Mo-低C	YS316L/TS316L
	SUS317L	18Cr-12Ni-3.5Mo-低C	YS317L/TS317L
	SUS321	18Cr-9Ni-Ti	YS347/TS347

6.12 ステンレス鋼   139

ステンレス鋼の異材溶接に用いる溶加材の種類と熱処理温度は**表6.10**のようである。溶接後熱処理が可能な場合にはフェライト系のYS430を用いるこ

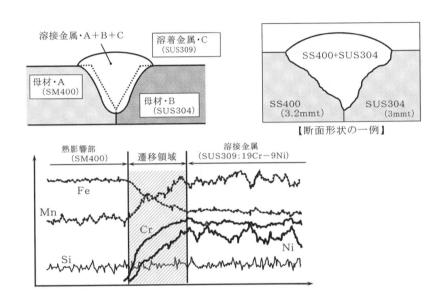

図6.11　異材溶接

表6.10　異材継手用溶加材と熱処理温度の一例

母材・A	母材・B	ワイヤ	予熱温度	後熱温度
炭素鋼・低合金鋼	マルテンサイト系ステンレス鋼	後熱処理可能な場合：YS430, TS430　後熱処理が困難な場合：YS309, TS309　インコネル600・625*	200〜400℃	600〜650℃
	フェライト系ステンレス鋼		100〜200℃	
	オーステナイト系ステンレス鋼		—	(550〜600℃)
オーステナイト系ステンレス鋼（SUS304）	マルテンサイト系ステンレス鋼（SUS410）	YS309, TS309　インコネル600・625*		—
	フェライト系ステンレス鋼（SUS430）			
	オーステナイト系ステンレス鋼（SUS316）	合金元素の少ない母材に合わせたワイヤ（YS308, TS308）		

＊インコネル600：Ni-Cr-Fe，インコネル625：Ni-Cr-Mo-Nb

ともあるが，一般には，オーステナイト組織に 10 数 % のフェライトを含み高温割れを生じにくい YS309 が多用されている。また場合よっては，ニッケル合金のインコネル 600 またはインコネル 625 が用いられることもある。鋼種が異なるオーステナイト系ステンレス鋼同士の場合には，合金元素が少ない方の母材にあわせた溶加材，例えば SUS304 と SUS316 の溶接では YS308 を溶加材に使用する。

　異材溶接での予熱温度は，それぞれの母材に要求される予熱温度の高い方，後熱温度はそれぞれの母材に要求される後熱温度の低い方を選定することが基本である。炭素鋼や低合金鋼とオーステナイト系ステンレス鋼の組合せでは，炭素鋼や低合金鋼で推奨されている溶接後熱処理温度の低温側を選定する。なお，いずれか一方にオーステナイト系ステンレス鋼が含まれる場合には，予熱や後熱を考慮しなくてもよい。

第 7 章

安全・衛生

7.1 溶接作業の安全保護具

　溶接およびその関連作業には，**表7.1** に示すように，アークの熱や光，飛散物および有害なヒュームやガスの発生，騒音，感電，火災さらにはガス爆発など，人体に危険あるいは悪影響する因子が多数存在する。そのため，溶接作業時にはこれらの危険あるいは有害な因子から人体や周辺環境を保護する対策を講じることが必要であり，**表7.2** のような安全保護具が JIS に規定されている。主な安全保護具の一例を**図7.1** に示す。

表7.1　危険・有害因子の人体への影響

危険・有害因子		人体におよぼす影響
ヒューム	Fe,Mn,Cr などの酸化物	金属熱、じん肺症、化学性肺炎、呼吸器障害
ガス	CO,O₃,NO などの有機分解ガス	血液異常、中枢神経障害、呼吸器障害、心臓・循環器障害、酸素欠乏症
有害光	可視光,紫外線 赤外線	網膜障害、表層性角膜炎、結膜炎、白内障、光線皮膚炎
電撃		熱傷、心室細動
高周波ノイズ		ペースメーカの誤動作
爆発・火災	可燃物,引火性ガス・液体	熱傷、死亡
熱	スパッタ・スラグ,アーク、フレーム	熱傷
温熱環境	温度,湿度	熱中症
騒音		聴覚障害
振動		末梢神経障害、血管収縮

表7.2 溶接作業の主な安全保護具

災害を防止する部位	保護具の名称		適用JIS規格
眼	保護めがね		遮光保護具(JIS T 8141)
	保護面(遮光面)		溶接用保護面(JIS T 8142)
皮膚	手袋		溶接用皮手袋(JIS T 8113)
	前掛・足カバー		―
	安全靴		安全靴(JIS T 8101)
	安全帽(ヘルメット)		産業用安全帽(JIS T 8131)
耳	耳栓	全音域:1種	防音保護具(JIS T 8161)
		高音域:2種	
呼吸器	呼吸用保護具(マスク)		防じんマスク(JIS T 8151) 防毒マスク(JIS T 8152) 送気マスク(JIS T 8153) 電動ファン付き呼吸保護具 (JIS T 8157)

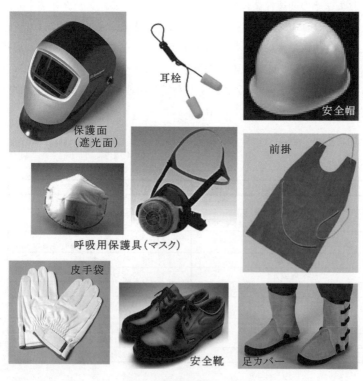

図7.1 安全保護具の一例

7.2 アーク光

7.2.1 フィルタプレートの選定

アークの光は，**図7.2**に示すように，太陽光に比べて紫外線や赤外線がはるかに強い光である。紫外線は最も有害な光であり，眼に照射されると一過性の痛みをともなう電気性眼炎が発生し，皮膚に照射されると浅い熱傷（火傷，いわゆる日焼け）を生じる。赤外線は短時間で障害につながることはほとんどないが，長時間照射されると白内障などの障害を発生する恐れがある。強烈な可視光線も一時的に視覚を妨げ，さらに強い場合には網膜火傷（網膜炎）などの障害を引き起こすこともあり，無視することはできない。

したがって溶接作業では，アーク光や飛散物などから眼および顔面を保護するために，遮光フィルタとカバープレートを重ねて装着したヘルメット形またはハンドシールド形の溶接面を用いて溶接部を観察する。遮光フィルタは溶接電流に応じた遮光度番号のものを選定することがJISで規定されており，マグ溶接の場合の遮光フィルタ番号は**表7.3**のようである。なお10以上の適光度番号が必要な場合には，それよりも小さい番号のものを2枚重ねて用

表7.3 遮光フィルタの選定基準

溶接電流	遮光度番号
100A 以下	No.9またはNo.10
100Aを超え300Aまで	No.11またはNo.12
300Aを超え500Aまで	No.13またはNo.14
500Aを超える場合	No.15またはNo.16

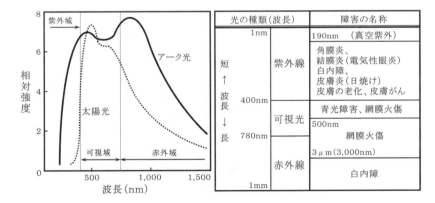

図7.2 アーク光の特性とその障害

いることが推奨されており，その場合の遮光度番号・N は
　　　$N = N_1 + N_2 - 1$：（N_1 および N_2 は2枚の遮光フィルタそれぞれの遮光度番号）
として算出する。

アークの強烈な光はかなり離れていても有害なため，衝立や遮光カーテンを用いてアーク光の周辺への漏洩を防止するとともに，周辺の作業者にも保護眼鏡（サイドシールド付がよい）などの着用を義務付けることが望ましい。

7.2.2 皮膚の保護

アークからは多量の赤外線や紫外線が放射されるとともに，高温粒子であるスパッタが飛散する。放射光やスパッタ・スラグなどによる皮膚の火傷や日焼けを防止するためには，皮手袋，腕カバー，前掛，足カバーおよび安全靴などを装着して，皮膚の露出部をなくすようにしなければならない。また，これらの保護具は感電防止に対しても有効である。

7.3　ヒューム

7.3.1　ヒュームの性質

アーク溶接時に発生した煙のように見えるヒュームは，アーク熱によって溶融した金属の一部が蒸気となった後，大気中で冷却されて図7.3のような固体状の細かい粒子（金属酸化物）となったものである。その大きさは $0.1 \sim 3.0\,\mu\mathrm{m}$ 程度で，鎖状につながった粒子となって大気中を浮遊し，アークの上昇気流に乗ってかなりのスピードで作業場空間に拡散する。煙のように立ち込めている領域でのヒューム濃度は，発生点直上で数 $10 \sim 100\,\mathrm{mg/m^3}$ 程度に達する。

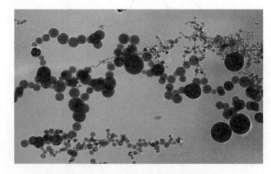

図7.3　ヒュームの顕微鏡写真

ヒュームの発生量は，**表7.4** に示すように，溶接方法・溶接材料・溶接条件などによって異なる。なおマグ溶接におけるヒューム発生量は，一般に，被覆アーク溶接の場合より多くなる。マグ溶接で発生するヒュームの化学組成の一例を示すと**表7.5** のようであり，ソリッドワイヤの場合，高温蒸気の発生源となる溶融池内での Fe 含有量は約 98% もあるが，ヒュームになると 75 〜 80% 程度にまで減少する。しかし溶融池中では 1% 前後しか存在しなかった Si および Mn は，ヒューム中では 10 〜 15% を占めるようになる。一方フラックス入りワイヤでは，ワイヤ中に含まれる Fe は 80 〜 90% であるが，ヒューム中での含有量はフラックス成分の影響によって約 50% 程度まで低下する。ステンレス鋼溶接の場合は，発生するヒュームに Cr や Ni などの成分が含まれる。

表7.4　マグ溶接におけるヒューム発生量の一例

母材	ワイヤの種類	溶接条件	ヒューム発生量 (mg/min)
軟鋼	ソリッドワイヤ	280A-30V	630
	フラックス入りワイヤ	280A-31V	693
ステンレス鋼		200A-29V	480
		シールドガス:100%CO_2	

表7.5　マグ溶接で発生するヒュームの化学組成の一例

		化学組成　（Vol%）									
		Fe_2O_3	SiO_2	MnO	TiO_2	Al_2O_3	CaO	MgO	Na_2O	K_2O	F
ソリッドワイヤ	YGW11	76.5	9.0	11.1	0.4	0.2	—	—	—	—	—
	YGW12	77.8	10.8	9.9	—	—	—	—	—	—	—
フラックス入りワイヤ		48.8	10.5	16.3	10.0	2.6	0.9	1.0	5.2	0.7	2.8
								シールドガス:100%CO_2			

7.3.2　じん肺の防止

アークにより発生したヒュームは，まず目に見える高濃度の部分が溶接作業者にかかり，次に狭あい部や工場内に拡散して周辺作業者にも危険を及ぼす。また溶接職場には，ヒューム以外にも熱切断や切削などによって発生する固体の粒子状物質も混在し，いわゆる粉じんによる環境空気の汚染が生じる。このような環境に長期間曝露されると，ヒュームや粉じんが肺に溜まり"じん肺"を引き起こす。粉じん障害防止規則（昭和 54・4・25 労令 18 号）の第 2 条別表第 1 ノ 20 号では，"屋内，坑内又はタンク，船舶，管，車両等の内部におい

て金属をアーク溶接する作業"を粉じん作業と定義しており，必要な防護対策を講ずることが義務付けられている．またアーク溶接作業に従事する労働者は，「就業時健康診断（じん肺法第7条）」,「定期健康診断（同法第8条）」および「離職時健康診断（同法第9条の2)」を受診しなければならないとされている．

　じん肺有所見者数および新規有所見者の数は年々減少し，近年は200人台で推移しいたが，平成23年には初めて200人を下回った．しかし，じん肺有所見者の総数は5千人を超えており，そのうちの約1/4が溶接作業者で，溶接作業者のじん肺発症の危険性は大きい．厚生労働省は昭和56年から粉じん障害防止に関して総合的な対策を策定し，じん肺の撲滅を推進している．従来の粉塵障害防止規則及びじん肺法施行規則では"アーク溶接"を粉塵作業としているが，「屋内，坑内またはタンク，船舶，管，車両等の内部において自動溶接する作業を除く」と定義していた．しかし近年のガスシールドアーク溶接の普及と相まって，自動溶接を使用する形態も多様化してきた．自動溶接機を操作するオペレータがヒューム発生源近傍に位置して，その曝露を受けている実態も多いことから，第7次粉じん障害防止総合対策（平成20年3月施行）の改正で，「屋内での自動溶接は粉塵作業」として追加された．また第8次粉じん障害防止総合対策（平成24年4月施行）の改正では，自動溶接を含む屋外での溶接も粉塵作業に含められ，溶接作業における電動ファン付き呼吸用保護具（**図7.4**）の着用が推奨されている．

　ヒュームを多量に吸入すると，数時間経過後に悪寒が始まり，高熱（金属熱）を引き起こす．この症状は，通常24～48時間程度で快復する．しかし長期間

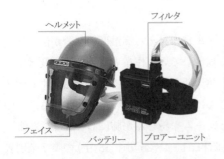

図7.4　電動ファン付き呼吸用保護具

にわたって吸い込んだヒュームは，微粒子であるため呼吸によって排出されることはなく，細気管支や肺胞に溜まり，その量が増えると炎症が生じるとともに網状の繊維化が起り"じん肺"を発症する。じん肺が進むと細胞がつぶれたり，器官が狭くなったりして肺の働きが低下し，身体を働かせるために必要な酸素を取り込んで，不必要な炭酸ガスを体外へ排出する"ガス交換機能"が損なわれる。

　じん肺の初期の頃はほとんど自覚症状はないが，高濃度のヒュームを長い間吸い続けると，咳がでたり，息切れが生じたりするようになる。さらに進むと一層息切れがひどくなり，歩いただけでも息が苦しく，動悸がして作業が出来なくなる。じん肺は発症すると治らないとされており，種々な合併症を生じる。じん肺法施行規則第１条では，じん肺と密接な関係があると認められる疾病を"合併症"と定義し，肺結核，結核性胸膜炎，続発性気管支炎，続発性気管支拡張症，続発性気胸および原発性肺がんの６種類をじん肺の合併症と定めている。

　じん肺の発症を予防するには，ヒュームや粉じんの吸入を極力少なくすることであり，まず溶接方法あるいは溶接材料を選定してヒュームの発生量を低減させることが重要である。次に，発生したヒュームを換気によって排除することである。換気には"全体換気"と"局所排気"とがあり，**表7.6** に示すように，それぞれ各種の方式の装置がある。しかしヒュームに対しては，発生源の近傍

表7.6　換気装置の種類と特徴

方式			特徴
全体換気装置	送気式		送風機を用い，送風でヒュームやガスを希釈。
	換気式		作業場内に発生したヒュームやガスを屋外に排出。
	併用式	送気 + 換気	中間滞留層に停留しているヒュームなどを，水平気流でフードに吸引して排気。
		プッシュ・プル	送風機でヒュームなどを送り，フードで吸引。
局所排気装置	定置式	囲い式	発生源がフード開口部の内側。
		外付け式	発生源がフード開口部の外側。（固定フード・フレキシブルフード）
	可搬式	フレキシブルアーム式	フードをフレキシブルダクトに取付け。
		吸引トーチ式	ノズルをトーチの近傍に取付け。

148　第7章　安全・衛生

または上部に吸引フードを設置して，発生直後のヒュームを排除する局所排気の方が実用的かつ効果的である。

　溶接ヒュームの許容濃度は，ACGIH（米国労働衛生専門官会議）やIIW（国際溶接学会）が提示する$5mg/m^3$が世界的に用いられていが，わが国では溶接ヒュームの管理濃度として$3mg/m^3$が採用されている。

7.4　一酸化炭素

　CO_2をシールドガスとして用いるマグ溶接では，アーク熱によってCO_2が解離し，その約2～4%がCOとして発生する。COは，ヒュームと異なり眼には見えないが，ヒュームが立ち込めている領域でのCOは高濃度になっている。そのため，アーク発生点の近傍で作業を行う溶接作業者は，通風の不十分な場所や狭あいな場所などはもちろん，開放された屋内作業場であっても，常に高濃度のCOばく露を受けることとなり，一酸化炭素中毒の危険に曝される。

　COは血液中の"ヘモグロビン"と結合しやすく，吸い込んだ量が少量であっても血液の酸素運搬能力を低下させて，中毒症状が現れる。CO濃度と中毒症状の関係は**表7.7**のようであり，初期症状は頭痛，めまい，倦怠感など感冒のような症状であるが，血中のCO濃度が高くなると，意識はあるのに体の自由が徐々にきかなくなり，その後意識障害をきたして呼吸不全，循環不全に陥

表7.7　一酸化炭素濃度と中毒症状

一酸化炭素濃度 （ppm）	作用または毒性
100	数時間経過後でも目立った作用なし
200	1.5時間前後で軽度の頭痛を発症
400～500	1時間前後で頭痛、吐気、耳鳴り等を発症
600～1,000	1～1.5時間前後で意識を喪失
1,500～2,000	30分～1時間前後で 激しい頭痛、めまい、吐気を生じ、意識を喪失
3,000～6,000	数分で頭痛、めまい、吐気等を生じ、 10分～30分の暴露で死亡
10,000	直ちに意識喪失、死亡

るようになる。許容 CO 濃度について，日本産業衛生学会は 50 PPM（57 mg/m³）以下に，ACGIH は 25 PPM 以下に保つように勧告している。

一酸化炭素中毒は，防じんマスクの装着のみでは防ぐことができない。狭あいな場所での換気はもちろんのこと，広い屋内作業場であっても，高濃度のヒュームの中に首を突っ込むような姿勢での作業は避けると同時に，十分な換気や送気マスクの装着などが必要である。局所排気は，ヒュームのみでなく，CO の除去にも効果を発揮するが，その種類や形式などは多様であり，設置に関しては専門家の意見・アドバイスを受けることが大切である。

7.5　火災・爆発

溶接作業ではスパッタやスラグの飛散，母材の加熱，アークの放射熱などによって，作業場所周辺の可燃物，爆発物あるいは可燃ガスなどに引火したり，それらが爆発したりする危険性がある。溶接前に，危険物は必ず除去しなければならない。もし危険物が動かせない場合には，防熱・防災シートで遮蔽し，消火機器を準備しておかなければならない。特に危険性が高いのは，使用中の配管やタンクなどの改造・補修・解体である。内部に可燃ガスや引火性液体が残存していることがあるため，ガスを検知した場合は溶接を中止しなければならない。どうしても溶接する必要がある場合には，危険物の完全除去を確認した後，換気を確実に行うことが必要である。

さらに，溶接終了後の安全確認も重要な事項である。燃焼速度が遅い場合には，終了時に異常が認められなくても，しばらくして火災になったという事例がある。作業場所の安全を確認してから作業場所を離れ，溶接機の電源スイッチを切って作業終了としなければならない。

シールドガスとして使用する CO_2 や Ar は高圧でボンベに充填されており，そのボンベ（容器）の貯蔵と使用などについては細心の注意が要求される。労働安全衛生規則では，「ガス等の容器の温度は 40℃ 以下に保たなければならない」と定められている。また誤認を防ぐために，ボンベは充填されているガスの種類によってその外面の色が異なる（容器保安規則第 10 条）。さらに，ボンベに接続して使用するゴムホースも色別して，ミスが生じないように規定され

150 第7章 安全・衛生

ている（JIS K 6333）。ガス容器およびゴムホースの識別色と充填圧力を**表7.8**に示す。

表7.8 ガス容器およびゴムホースの識別色

ガスの種類	充填圧力 （MPa）	識別色	
		ガス容器	ゴムホース
アセチレン	1.5（15℃）	かっ色	赤色/赤色+オレンジ色*
LPG	1.8	—	オレンジ色/赤色+オレンジ色*
水素（H_2）	14.7（35℃）	赤色	（赤色）
アルゴン（Ar）	14.7（35℃）	ねずみ色	黒色
炭酸ガス（CO_2）	3～6（室温での蒸気圧）	緑色	黒色
酸素（O_2）	14.7（35℃）	黒色	青色
＊ 赤色+オレンジ色：半円周ずつ、赤色とオレンジ色に着色			

7.6　感電

電気を熱源として利用するアーク溶接作業は，感電事故に遭遇する危険を孕んでおり，事故が生じると死に至る恐れがある。感電は，充電部への接触により，人体に電流が流れることによって生じる。感電の危険性は，**表7.9**に示すように，主に電流の大きさによって決まり，電圧の大きさは二次的である。感電した際に人体に流れる電流は，人体抵抗を含めた電気回路の抵抗値が同じであれば，電圧が低いほど電流値が小さくなり，感電の危険性は低下する。人体に危険とならない電圧を"安全電圧"と呼び，わが国では最大 30 V が用いられている。

人体は導体で電気を流しやすいが，皮膚が乾いているか，湿っているかによって人体への影響は大きく異なる。手足が乾いている場

表7.9 人体に及ぼす感電電流の影響

感電電流	人体の反応
0.5mA	何も感じないか、僅かにピリピリ感じる。
1mA	ピリピリ感じる。
5mA	痛いと感じる。
50mA	筋肉が収縮して、死に至ることがある。
100mA	非常に危険なレベル。

合の皮膚の抵抗は 2,000 Ω 以上あるが，発汗していると 800 Ω 程度に，さらに衣服が濡れているなどの最悪条件下では限りなく 0 Ω に近づく。一方，人体内部の抵抗は略 500 Ω とされている。例えば，100 V の商用交流電源の帯電部に人体が接触したと仮定すると，体内には“100 V/500 Ω = 200 mA”の電流が流れることとなる。体内に 200 mA の電流が流れると，筋肉は収縮するため，帯電部から離れることが困難となり，感電の危険度は一層増加する。

感電による人体への通電時間が長くなるほど，心臓などの重要な部位に電流が流れ，危険性は高くなる。感電による障害で最も危険性が高いのは，心室細動（心臓がけいれんして心臓内部の心室が正常な脈を打てなくなる状態）である。心室細動が生じると，血液の循環機能が停止するため，数分以内で死に至るといわれている。感電による死亡災害の多くは，心室細動によるものと見られている。

男性の感知電流の平均値は，直流で 5.2 mA，交流では 1.05 mA である。また感電による筋肉収縮で握ったものが離せなくなる不随電流（固着電流）も，交流より直流の方が大きい。感電に対しては，交流よりも直流の方が安全といえる。

感電防止のために留意する事項は，次のようである。

（1）溶接作業前

・溶接作業の開始前に，溶接作業場の安全点検および溶接機器の点検を励行する。

・感電を避けるため，帯電部には触れない。

・水に濡れたトーチを使用しない。

（2）溶接機器の操作

・溶接機器の操作は，取扱説明書の内容をよく理解して安全な取扱いができ，技能のある者が行う。

・電流容量不足のケーブルは使用しない。

・損傷したり導線がむき出しになったりしたケーブルは使用しない。

・溶接電源のケースやカバーを取り外したまま使用しない。

・コンタクトチップおよびワイヤを交換する際は，交換中に出力が出ないように電源を切る。

・溶接機を使用していない場合は電源を切る。

152 第7章 安全・衛生

（3）作業者の服装と保護具
- 溶接作業場内では底がゴム製の安全靴を着用する。
- 乾燥した皮製保護手袋を着用し，破れたり濡れたりしたものは使用しない。
- 乾いた絶縁手袋の下に軍手を用い，軍手が湿ったら交換するようにする。
- 破れたり，濡れたりした作業着は着用しない。
- 高所作業を行う場合には安全帯を使用し，感電にともなう墜落による二次災害を防止する。

7.7　熱中症

　人体は運動および営みによって常に熱を産生しているが，一方では，異常な体温変化を抑えるための効率的な調整機構も備えている。気温が体温よりも低ければ，皮膚から空気中へ熱が移行しやすく，体温の上昇を抑えることができる。また湿度が低ければ，汗をかくことで熱が奪われ，体温を適切にコントロールすることができる。しかし，夏場などのように外気の温度が高くなると，自律神経の働きによって抹消血管が拡張し，皮膚に多くの血液が集まり，外気への熱伝導によって体温を下げようとする機能が低下し，体温調節は発汗だけに頼ることとなる。しかし気温が著しく高く，かつ湿度が70％以上になると，汗をかいても流れ落ちるばかりでほとんど蒸発しなくなり，発汗による体温調節ができなる。また体温が37℃を超えると皮膚の血管が拡張し，皮膚の血液量を増やすことによって熱を放出しようとするため，体温はさらに上昇し，発汗などによって体の水分量は極端に減少する。その結果，心臓や脳を守るために，血管は反対に収縮し始め，熱の放出はますます困難となる。

　以上のように人体では，血液の分布状況が変化したり，発汗によって体から水分や塩分が失われたりするなどの状態が生じる。そのような変化に対して，身体が適切に対応できなければ，熱の産生と放出とのバランスが崩れ，体温が著しく上昇してしまう。この状態を熱中症といい，主に外気の高温・多湿などが原因で発症する。熱中症は**表7.10**に示すように，熱失神，熱疲労，熱けいれんおよび熱射病の4種類に分類される。

　厚生労働省の統計によると，熱中症による労働死亡者数は毎年20人前後に

表7.10 熱中症の分類

種類	原因	症状	治療
熱失神	直射日光の下での長時間行動や高温多湿の室内で発症する。発汗による脱水と末端血管の拡張によって、体全体の血液量が減少した場合に生じる。	めまいがして、突然意識を消失する。体温は正常であることが多く、発汗が見られ、脈拍は徐脈となる。	輸液と冷却療法
熱疲労	多量の発汗に水分・塩分補給が追いつかず、脱水症状になったときに発症する。死に至ることもある熱射病の前段階とも言われこの段階での対処が重要である。	多量の発汗があり、皮膚は青白く、体温は正常かやや高めである。めまい・頭痛・吐気・倦怠感を伴うことも多い。	
熱けいれん	汗で水分と一緒に塩分も失われ、血液中の塩分が低くなり過ぎると発症する。水分を補給しないで活動を続けたときはもちろん、水分だけを補給した場合にも生じる。	痛みを伴う筋肉のけいれんを生じる。足や腹部の筋肉に発生し易い。	食塩水の経口投与
熱射病	水分や塩分の不足から、視床(株)の温熱中枢まで傷害され、体温調節機能が失われて発症する。	高度の意識障害を生じ、体温が40℃以上に上昇する。発汗は見られず、皮膚は乾燥している。	極めて緊急の対処が必要救急車の手配が必要

のぼり，そのうちの約3/4が建設業で，夏場炎天下での屋外作業で多く発症している。次いで製造業が多く，屋内での高温および蒸気にばく露される作業で発症している。熱中症による死亡災害発生状況を月別に見ると，暑い季節の5月から9月にかけて，特に7月と8月に集中して発生している。また時間帯では，午後2時から午後5時の間に多発しており，一日の中で最も暑い時間帯に発生している。さらに作業日数別の発生状況を見てみると，ほとんどが作業開始初日から数日の間に発生しており，作業者の環境への順化にも十分な注意を払うことが必要である。

　溶接作業は常に高温に曝されており，しかも周辺では，ひずみ取りのためにガスバーナで金属を熱した後，水をかけて急令するなど，多湿な環境になることも多い。熱中症の危険信号としては，

　①体温が高くなる。

　②全く汗をかかないで触るととても熱く，かつ皮膚が赤く乾いた状態となる。

　③ズキンズキンとする頭痛がある。

　④めまいや吐き気がある。

　⑤応答が奇妙あるいは呼びかけに反応がないなどの意識障害がある。

などがあり，このような症状が認められた場合には積極的に熱中症を疑わなければならない。そして緊急事態であることを認識して，重症の場合には救急隊への連絡をするとともに，応急措置を講じることが必要である。深部体温が

40℃を超えると全身けいれんなどの症状が現れるので，体温の冷却はできるだけ早急に行わなければならない。重症者を救命できるかどうかは，体温をいかに早く下げるかにかかっており，救急隊の出動を要請したとしても，救急隊の到着前から冷却を開始することが大切である。

熱中症を発症した場合の応急措置は次のようである。

（1）涼しい環境への移動

　　風通しの良い環境，できれば冷房が効いている涼しい場所へ移動させる。

（2）脱衣と冷却

　　衣服を脱がせて，体から熱の放散を助ける。また露出させた皮膚を水で濡らし，団扇や扇風機などを使用して体を冷やす。氷嚢などがあれば，頸部・脇の下・鼠径部（太股の付け根・股関節部）に当てて冷やす。

（3）水分および塩分の補給

　　飲水が可能な場合には，スポーツドリンク，食塩水（0.8％）または果汁などで水分および電解質を補給する。呼び掛けや刺激に対する反応がおかしい，あるいは応えないなどの意識障害が懸念される場合には，誤って気道に飲水が流れ込む危険性も高いため，経口で水分を摂取させることは危険である。

（4）医療機関への搬送

　　自力で水分を摂取できない場合は，医療機関への緊急搬送を最優先する。

　　また，作業者を熱中症から守る対策としては，次のような事項が挙げられる。

①作業環境の整備

　　夏期の溶接作業場には冷房装置の設置が望ましいが，アーク熱などによって熱せられた作業環境を十分に冷却するには，技術面のみでなく，経済的にもかなりの負担をともなう。むしろ局所冷房（スポットクーラー）や扇風機等の設置を考える方が得策である。しかしその際には，送風速度に十分に注意し，溶接部に直接風が当たらないようにしなければならない。また夏期には，粉じん濃度を減じるために，また屋内の空気の流通を良くするためにも，積極的に屋内に外気を取り込むことも重要である。

②健康管理

　　健康管理としては，まず水分と塩分を十分に補給することである。

ACGIHでは 10 〜 15℃ に冷やした約 0.1 ％の食塩水を 15 〜 20 分ごとに約 150 mℓ ずつ飲むことを勧めている。そして睡眠・休養を十分にとり，食事は規則的にバランスよく摂り，アルコールは過度にならないようにして，日常の体調管理を徹底することも重要である。

③クールスーツ（冷房服）などの着用

超低温空気発生器（ボルテックスチューブ）の入口から圧縮空気を流すと，空気は音速または音速に近い速度でせん状に回転し，断熱膨張によって冷却される。この現象を利用して身体を冷却できるようにしたのがクールスーツ（冷房服）であり，外側の暖気気流を下部出口から排出して，冷却された空気をチューブの上部からスーツに取り込む構造となっている。そしてスーツ内に取り込まれた冷たい空気は，スーツ内面に設けられた空気孔から作業者の上半身部分に冷風として送られる。

クールスーツの冷却器として用いられるボルテックスチューブは，熱間作業を行う作業者の冷却，電気および電子機器の発熱除去，あるいは機械加工における発熱工程の冷却など広範囲に用いられているが，溶接作業者の暑気対策用保護具としての使用実績は少なく，今後の普及が期待される。

付　表

板厚 (mm)	ワイヤ径 (mmφ)	溶接電流 (A)	アーク電圧 (V)	開先形状	ギャップ・ g(mm)
1.6	1.0	80〜90	18〜19		0
1.6	1.2	100〜110	17.5〜19		0
2.3	1.0	110〜130	19〜20		0.8〜1.2
2.3	1.2	120〜140	19〜20		0.8〜1.2
3.2	1.0	120〜140	20〜22	g	1.2〜1.5
3.2	1.2	140〜150	20〜21		1.2〜1.5
4.5	1.2	150〜170	22〜24		1.2〜1.5
6.0	1.2	240〜270	27〜30		0
6.0	1.6	300〜320	29〜32		0
9.0	1.2	240〜270	27〜30 [表]	50° g 1	0
9.0	1.2	240〜300	27〜32 [裏]		0
9.0	1.6	300〜320	29〜31 [表]	g	1.2〜1.5
9.0	1.6	370〜390	36〜37 [裏]		1.2〜1.5
12	1.2	300〜320 [表・裏]	30〜32 [表・裏]	50° g 6	0
12	1.6	370〜390	36〜37 [表]	g	0〜1.2
12	1.6	390〜400	37〜42 [裏]		0〜1.2
14	1.6	370〜390	36〜37 [表]	50° g 6	0〜1.2
14	1.6	390〜400	37〜42 [裏]		0〜1.2
16	1.6	380〜400	36〜37 [表]		0〜1.2
16	1.6	420〜440	37〜38 [裏]		0〜1.2
19	1.6	400〜420	37〜38 [表]		0〜1.2
19	1.6	420〜440	39〜42 [裏]		0〜1.2
25	1.6	420〜440	39〜41 [裏]	50° g 6 50°	0〜1.2
25	1.6	440〜460	41〜42 [裏]		0〜1.2

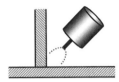

板厚 (mm)	ワイヤ径 (mmφ)	脚長 (mm)	溶接電流 (A)	アーク電圧 (V)
1.2	0.8	2.8	70～80	17～18
1.6	1.0	2.8～3.0	80～110	18～19
1.6	1.2	3.0	110～120	18～19
2.0	1.0	3.0	85～110	18～19
2.0	1.2	3.0～3.5	120～130	19～20
2.4	1.0	3.5	90～120	17～20
2.4	1.2	3.5	120～140	18～20
3.2	1.0	3.0～4.0	100～130	18～19
3.2	1.2	4.0	130～160	18～22
4.0	1.0	5.5	130～150	19～22
4.0	1.2	5.5	150～190	19～23
6.0	1.2	4.0～6.0	180～250	20～27
6.0	1.6	6.0～8.0	250～350	27～35
8.0	1.2	5.0～8.0	200～350	23～42
8.0	1.6	6.0～8.0	250～450	27～42
10.0	1.2	6.0～9.0	200～350	23～37
10.0	1.6	6.0～10.0	250～500	27～42
12.0	1.2	7.0～10.0	250～350	27～37
12.0	1.6	7.0～12.0	350～500	32～42
14.0	1.2	8.0～12.0	300～350	32～37
14.0	1.6	8.0～12.0	300～500	32～42

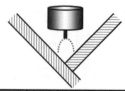

板厚 (mm)	ワイヤ径 (mmφ)	脚長 (mm)	溶接電流 (A)	アーク電圧 (V)
1.2	0.9	2.8	70〜80	17〜18
1.6	1.0	2.8〜3.0	80〜100	18〜19
1.6	1.2	3.0	110〜120	18〜19
2.0	1.0	3.0	80〜120	18〜19
2.0	1.2	3.0〜3.5	120〜130	18〜20
2.4	1.0	3.5	90〜110	18〜20
2.4	1.2	3.5	120〜150	18〜21
3.2	1.0	3.0〜4.0	120〜130	18〜21
3.2	1.2	4.0	130〜160	18〜22
4.0	1.0	5.5	120〜140	19〜23
4.0	1.2	5.5	150〜210	20〜23
6.0	1.2	4.0〜6.0	180〜300	22〜30
6.0	1.6	6.0〜8.0	250〜400	27〜35
8.0	1.2	5.0〜8.0	250〜350	30〜34
8.0	1.6	6.0〜8.0	250〜400	33〜35
10.0	1.2	6.0〜9.0	280〜350	32〜34
10.0	1.6	6.0〜10.0	400〜500	34〜42
12.0	1.2	7.0〜10.0	280〜350	32〜34
12.0	1.6	7.0〜12.0	400〜500	36〜42
14.0	1.2	8.0〜12.0	280〜350	32〜42
14.0	1.6	8.0〜12.0	400〜500	36〜42

付 表

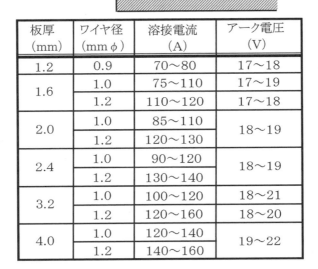

板厚 (mm)	ワイヤ径 (mmφ)	溶接電流 (A)	アーク電圧 (V)
1.2	0.9	70～80	17～18
1.6	1.0	75～110	17～19
	1.2	110～120	17～18
2.0	1.0	85～110	18～19
	1.2	120～130	
2.4	1.0	90～120	18～19
	1.2	130～140	
3.2	1.0	100～120	18～21
	1.2	120～160	18～20
4.0	1.0	120～140	19～22
	1.2	140～160	

板厚 (mm)	ワイヤ径 (mmφ)	溶接電流 (A)	アーク電圧 (V)
1.0	0.9	60～70	17～18
1.2	0.9	65～75	
1.6	1.0	75～85	
	1.2	80～85	
2.0	1.0	80～90	17～19
	1.2	85～90	
2.4	1.0	90～100	18～19
	1.2	90～110	
3.2	1.0	100～110	18～19
	1.2	100～120	18～21
4.0	1.0	100～120	18～22
	1.2	110～120	19～22

引用資料・参考文献

1) 安藤，長谷川：溶接アーク現象《増補版》，産報（1970）
2) ランカスター編：溶接アークの物理，溶接学会・溶接アーク物理委員会（1990）
3) 溶接学会・溶接アーク物理委員会編：溶接プロセスの物理，溶接学会（1996）
4) 溶接学会編：溶接・接合便覧，丸善（2003）
5) 溶接学会編：新版溶接・接合技術入門，産報出版（2008）
6) 溶接協会・電気溶接機部会編：アーク溶接の世界（パートⅡ），産報出版（1996）
7) 溶接協会・溶接棒部会編：マグ・ミグ溶接の欠陥と防止対策，産報出版（1991）
8) 溶接協会・溶接棒部会編：マグ・ミグ溶接Ｑ＆Ａ，産報出版（2009）
9) 溶接協会・電気溶接機部会編：炭酸ガス半自動アーク溶接法と機器の取扱いに関する実習・実験，技術普及委員会講習会テキスト（1978）
10) 大同特殊鋼㈱編：CO_2/Ar＋CO_2アーク溶接マニアル，講習会テキスト
11) ㈱ダイヘン編：溶接講座 CO_2/ＭＡＧ溶接編，技術資料 No.T-B29502
12) 日立精工㈱溶接学校編：日立 TS アークメンテナンスハンドブック，（1989）
13) 日本溶接協会 出版委員会編："新版 JIS 半自動溶接受験の手引"，産報出版（2015）
14) 小笠原仁夫：アーク溶接作業の安全と衛生，WE-COM マガジン第 4 ～ 11 号（2012 年 4 月～ 2014 年 1 月）

索　引

あ～お

アーク長・・・・・・・・・・・・ 15,24,26,40,45,90
アーク電圧・・・・・・・・・・・・・・・ 15,40,90
アーク特性・・・・・・・・・・・・・・・・・・ 24
アークの硬直性・・・・・・・・・・・・・・・・ 17
アンダカット・・・・・・・・・・・・・・・・ 106
インバータ制御・・・・・・・・・・・・・・・ 48
インダクタンス・・・・・・・・・・・・・ 34,35
一元制御・・・・・・・・・・・・・・・・・・・ 85
一酸化炭素中毒・・・・・・・・・・・・・・ 148
陰極点・・・・・・・・・・・・・・・・・・・・ 69
ウィービング・・・・・・・・・・・・・・・・ 95
裏当材・・・・・・・・・・・・・・・・・・・・ 70
裏波・・・・・・・・・・・・・・・・・・・・・ 70
エンドタブ・・・・・・・・・・・・・・・・・ 71
遠隔操作箱・・・・・・・・・・・・・・ 23,45,50
オーステナイト・・・・・・・・・・・・ 67,134
オーバラップ・・・・・・・・・・・・・・・ 106
オリフィス・・・・・・・・・・・・・・・・・ 81

か～け

ガス圧力調整器・・・・・・・・・・・・・・・ 57
ガス容器・・・・・・・・・・・・・・・ 78,150
外観試験・・・・・・・・・・・・・・・・・ 109
活性ガス・・・・・・・・・・・・・・・・・・ 12
開先形状・・・・・・・・・・・・・・・・・・ 88
仮付け溶接・・・・・・・・・・・・・・・・・ 89

換気装置・・・・・・・・・・・・・・・・・ 147
感電・・・・・・・・・・・・・・・・・・・・ 150
キャプタイヤケーブル・・・・・・・・・・・ 76
強酸化性ガス・・・・・・・・・・・・・・・・ 68
許容使用率・・・・・・・・・・・・・・・ 73,74
グロビュール移行・・・・・・・・・・・ 20,27
コンジットケーブル・・・・・・・・・・・・ 46
後進溶接・・・・・・・・・・・・・・・・・・ 42
高張力鋼・・・・・・・・・・・・・・ 60,65,120
個別制御・・・・・・・・・・・・・・・・・・ 86
高温割れ・・・・・・・・・・・・・ 102,104,136
高炭素鋼・・・・・・・・・・・・・・・・・ 120
高合金鋼・・・・・・・・・・・・・・・・・ 117

さ～そ

サイリスタ制御・・・・・・・・・・・・・・・ 47
サーベイランス・・・・・・・・・・・・・・・ 98
シーケンス制御・・・・・・・・・・・・・・・ 84
シールドガス・・・・・・・・・・・・・・ 12,68
紫外線・・・・・・・・・・・・・・・・・・・ 143
遮光フィルタ・・・・・・・・・・・・・・・ 143
磁気吹き・・・・・・・・・・・・・・・・・・ 18
自己保持・・・・・・・・・・・・・・・・・・ 84
自己制御作用・・・・・・・・・・・・・・ 25,26
磁粉探傷試験・・・・・・・・・・・・・・・ 110
出力制御周波数・・・・・・・・・・・・・・・ 49
使用率・・・・・・・・・・・・・・・・・・・ 73

瞬間短絡	33	電磁ピンチ力	16
浸透探傷試験	111	電磁力	17
じん肺	145	電子リアクタ	38
弱酸化性ガス	68	適格性証明書	98
ステンレス鋼	66,133	低炭素鋼	115, 119
スパッタ	30	低合金鋼	117, 118
スプレー移行	29	TMCP鋼	124, 125
スラグ系ワイヤ	63,64	トーチ	54, 55, 80, 92
前進溶接	42	トーチ角度	42
ソリッドワイヤ	60	溶込み不良	105
送給ローラ	79		

た～と

短絡電流	37
短絡移行	26
炭酸ガス	12
脱酸	63, 115
炭素当量	120, 121
炭素鋼	115, 119, 120
チップ	82, 83, 93
2ローラ方式	52
中炭素鋼	120
調質鋼	124
超音波探傷試験	113
継手形状	88
デジタル制御	50
定格電流	55
定電圧特性	25, 94
低温割れ	102, 103, 123
抵抗発熱	19, 39
電位傾度	15

な～の

軟鋼	120
入熱	21
ねらい位置	94
熱的ピンチ効果	17
熱中症	152
ノズル	55, 81, 92

は～ほ

半自動溶接	11, 55
反発移行	20, 28
パス間温度	127, 128, 135
ヒューム	144
ピット	101
ビード不整	107
非調質鋼	124
非破壊試験	108
表面張力	20
プラズマ気流	17
ブローホール	101

フラックス入りワイヤ･･･････････59, 63
プル式･･･････････････････････51
プッシュ式･････････････････････51
プッシュ/プル式･････････････････51
フェライト･････････････････････118
4ローラ方式･････････････････52, 53
防風対策･･･････････････････････78
放射線透過試験････････････････112

ま～も

マルテンサイト･････････････････118
メタル系ワイヤ････････････････････64

や～よ

融合不良･･････････････････････105
溶接欠陥････････････････････････101
溶接姿勢･･･････････････････43, 96
溶接速度･･････････････････21, 40, 91
溶接電流･･･････13, 16, 19, 33, 39, 90
溶接変形････････････････････････107
溶接割れ････････････････････････119
溶融金属････････････････････････12
溶融池･･････････････････････････20
溶着速度････････････････････････13
溶極式溶接･･････････････････････19
溶滴移行････････････････････････26, 30
溶接ケーブル････････････････････76
溶接割れ感受性指数･････････････122
溶接割れ感受性組成･････････････122
溶接技術検定･･･････････････････98

ら～ろ

ライナー･･･････････････････････54, 81
リアクタ････････････････････････34
臨界電流････････････････････････29
ルチール系ワイヤ･････････････････63
冷却速度･･･････118, 119, 120, 128, 134

わ

ワイヤ突出し長さ････････････････41, 93
ワイヤ溶融量･･･････････････････39
ワイヤ送給量･･･････････････････24
ワイヤ送給装置･････････････････51, 79

〔著者略歴〕

三田常夫（みたつねお）
　1948年7月11日生れ。1972年大阪大学工学部溶接工学科卒業。1992年大阪大学博士（工学）。1972年㈱宮地鉄工所入社。1975年日立精工㈱入社。2006年ダイヘン溶接メカトロシステム㈱入社。2015年国立科学博物館産業技術史資料情報センター主任調査員。2015年大阪大学接合科学研究所招聘教授。

　㈳溶接学会特別員，フェロー。㈳日本溶接協会溶接管理技術者評価委員会幹事，溶接管理技術者再認証委員会幹事，WE-COM メールマガジン編集 WG 主査他，㈳軽金属溶接協会工場審査委員会委員，溶接管理技術者認証委員会委員他。

　㈳溶接学会田中亀久人賞，妹島賞，佐々木賞，㈳日本溶接協会技術賞，注目発明賞など受賞。主な著書に「はじめてのティグ溶接」（産報出版㈱），「新版溶接・接合技術入門」（分担執筆，産報出版㈱），「溶接・接合技術総論」（分担執筆，産報出版㈱），溶接・接合便覧（分担執筆，丸善㈱），「アーク溶接技術発展の系統化調査」（国立科学博物館）など。

※初版発行時

はじめてのマグ溶接　　（はじめての溶接シリーズ5）

2019年4月30日 初版第1刷発行

著　者　　三田　常夫
発行者　　久木田　裕
発行所　　産報出版株式会社
　　　　　〒101-0025　東京都千代田区神田佐久間町1-11
　　　　　TEL. 03-3258-6411／FAX. 03-3258-6430
　　　　　ホームページ　http://www.sanpo-pub.co.jp/
印刷・製本　株式会社精興社

©TSUNEO MITA , 2019　ISBN978-4-88318-235-0　C3057

定価はカバーに表示しています。
万一，乱丁・落丁がございましたら，発行所でお取り替えいたします。